幸福 36 计

成语典故中的心理学

韦志中◎著

图书在版编目（CIP）数据

幸福 36 计：成语典故中的心理学 / 韦志中著 . ——
北京：台海出版社，2019.7
　　ISBN 978-7-5168-2328-6

　Ⅰ . ①幸… Ⅱ . ①韦… Ⅲ . ①心理学—通俗读物②汉
语—成语—通俗读物 Ⅳ . ① B84-49 ② H136.31-49

中国版本图书馆 CIP 数据核字（2019）第 067588 号

幸福 36 计：成语典故中的心理学

著　　者：韦志中

责任编辑：赵旭雯
责任印制：蔡　旭

出版发行：台海出版社
地　　址：北京市东城区景山东街 20 号　　邮政编码：100009
电　　话：010 — 64041652（发行，邮购）
传　　真：010 — 84045799（总编室）
网　　址：www.taimeng.org.cn/thcbs/default.htm
电子邮箱：thcbs@126.com

经　　销：全国各地新华书店
印　　刷：天津旭非印刷有限公司
本书如有破损、缺页、装订错误，请与本社联系调换

开　　本：880 毫米 × 1230 毫米　1/32
字　　数：168 千字　　　　　　印　　张：6.75
版　　次：2019 年 7 月第 1 版　　印　　次：2020 年 1 月第 1 次印刷
书　　号：ISBN 978-7-5168-2328-6

定　　价：49.80 元

前　言

文化心理学是心理学的最新研究领域之一，它是研究心理和文化之间相互影响关系的学科。其主要目的在于揭示文化和心理之间的相互整合的机制。瑞士心理学家卡尔·荣格在中国受到了传统文化中易学、道教、禅宗、藏传佛教的影响，提出了分析心理学，从此与弗洛伊德的精神分析心理学区分开来。

心理学是从国外引进来的，但其适应性并不高。我们在探索心理学本土化的过程中发现，传统文化中蕴含的思想都可以用来揭示心理学现象发生、发展的客观规律，都能够用来指导人们的实践活动。

中国传统文化，是中华文明成果的创造力来源，更是中华民族历史上道德传承、各种文化思想、精神观念形态的总体。以孔子道德文化为本体，以道家理念、法家思想、佛家文化等为主体的多元文化的融合，形成了诗、词、歌、赋等多种文化模式，这些都是古人们探索出来的智慧宝藏。

生活在中国和世界各地的炎黄子孙，世代相传。心灵相通的纽带不仅在于黑头发、黄皮肤这些外表的特征，更是源于对中华民族优秀传统文化的承续。文化所孕育的不仅仅是一个人的内在气质，更是一个民族和国家发展的不竭动力。自古以来，古人不断从历史文明中提炼前人的智慧，如孔子从《易经》中提炼出儒家的中庸思想，从唐太宗李世民"以古为镜"提炼出治国之道……近年，随着国家政策对传统文化的宣扬，各种传统文化研究络绎不绝，呈现出了百花齐放的景象，例如黄帝陵祭祖、诵经坊、孔子学院、寻根热、于丹热等文化盛事，也有不少专家从佛学经典、道家文化、儒家思想中提炼出处事为人之道、心理咨询技术等。

成语作为我国传统文化的一部分，每一个成语基本上都有一个形象生动的故事，隐含着意义深远的道理。现今全世界都在流行积极教育，流行积极心理学，人们渴望更多的是积极心理、正能量，而不是那些悲悲切切的消极思想。在这样的大时代趋势下，我们发现许多成语不仅蕴含着古人的积极心理学思想，而且可以成为我们现代人的行动指南。例如，三国的曹操在打仗的时候，就用了积极暗示的心理学技术。当士兵们口渴难耐想要放弃的时候，他大声喊道："前面有一个梅子林，大家到那个地方就可以解渴了。"这就是"望梅止渴"的故事。其中道理很简单，按照精神现象学来说，存在于脑海中的意象是存在于真实世界中的，就像我们想到吃梅子的画面，我们意识中就会回忆当时吃梅子的酸味，于是嘴巴就会分泌唾液，达到缓解口渴的作用。

在现今社会中，许多矛盾源自家庭冲突、人际关系紧张等，使得人们的生活、工作备受困扰，幸福感降低。我曾经在阅读兵法《三十六计》时，深深地为古人先进的军事思想和丰富的作战技术所折服。《三十六计》将每一计划分到不同的作战方针中，本书也同样采取这样的方式，从成语中选取三十六个，并划分到六个类别中。这六个类别分别是家庭篇、交往篇、成长篇、情绪篇、学习篇以及知行合一篇。我们所选择的成语都是符合积极心理学思想的，在思想的基础上进行相应的行为指导，以期使读者能够从中找到解决自身问题的办法。下面来具体介绍一下六个类别：

第一章，家庭篇，主要围绕家庭文化建设。一个人的家庭管理好了，自然就有安全的感觉。从心理学来讲，安全感又可以延伸出自尊感、爱和尊重的能力。在内，家庭成员彼此尊重，相互关爱；在外，和别人关系融洽，能够互相尊重和理解，这就是我们一直在追求的心理和谐。所以我们把家庭的建设放在第一位。

第二章，交往篇，主要围绕人际关系建设展开。人际关系的和谐程度是影响人们心理状态的首要因素。我们无论在哪里，无论做什么，都离不开人与人之间的交往。所以在现今社会，人们更重视人脉资本的积累和维护。因而我们把人际交往放在第二位。

第三章，成长篇，主要关注个人心理建设方面。积极心理学研究中的"心理资本"一词越来越为人们所重视，被誉为超越两大资本（社会资本、经济资本）的第三大资本。如果一个人的内心有足够的勇气、善良、奉献精神、执行力，那这个人就具备较强的心理资本，那么他在为人处世中就有较高的"心理弹性"，从而达到"不以物喜，不以己悲"的境界。因而我们将成长篇放在第三位，重在仁者无敌。

第四章，情绪篇，主要围绕情绪建设。现代社会情绪病非常严重，焦虑、抑郁、自杀人数都在逐渐攀升。这些情绪病不但影响人们的生活与工作，还影响人们的心理健康状态，严重者甚至出现自杀倾向。但是在情绪管理过程中，人们并没有有效的方法对其进行调节，因此我们将情绪作为一大主题，运用成语中的文化思想来进行情绪的管理，进而培养我们的积极情绪。

第五章，学习篇，围绕如何进行有效学习。荀子曾经说过，"要想使别人看得见自己，就要登高而招"，我们要想得到别人的认可，就需要不断地登高呐喊。所以我们需要通过学习来丰富自己的思想，提升自己的技能。

第六章，知行合一篇，主要围绕行动与认知的结合。人们明白的道理有一箩筐，但是落实到行动上的却是凤毛麟角。以上谈及的五个计策，如果人们只是知道，没有做到，那是没有任何意义的。知道并且能够做到，才是人们需要提升的地方。

　　撰写本书是想起到抛砖引玉的作用，如果读者和心理学同行们有更好的理解和方法，我们会虚心接受；如果有不正之处，也欢迎大家批评指正。

目录
Contents

第三章　成长篇

第四章　情绪篇

第五章　学习篇

第六章　知行合一篇

第一章

家庭篇

家是什么？众说纷纭。

社会学家说："家是社会的最小细胞。"

婚姻学家说："家是风雨相依的两人世界。"

文学家说："家是宝盖下面养着的一群猪。"

……

但究竟什么是家呢？

《说文解字》对"家"的解释是房屋下住着的一群人。

这群人是由婚姻、血缘和收养关系联系起来，并长期居住在一起的共同体，一开始有父母、兄弟姐妹，接着会变成是夫妻与父母的家庭结构，随着孩子的降临，变成三代同堂的家庭结构，随着时间的延续，还会变成四代同堂等，子子孙孙无穷尽地繁衍，最后形成一个庞大的家族体系。

从家庭关系来说，主要有夫妻关系、亲子关系、婆媳关系等。不论哪种关系，都需要我们用心维护。家庭关系的好坏，不仅决定着我们生活的和谐与否，更是影响着我们的身心发展。

对于夫妻关系而言，每个成功男人背后都有一个默默支持他的女人，这句话对成功女人同样适用。

孩子是家庭的未来和希望，亲密的亲子关系有利于孩子心理的健康成长。

婆媳关系历来是影响家庭和谐的重要因素，好的婆媳关系，子孙三代都受益；坏的婆媳关系，甚至会导致家庭破散。

本章的家庭篇主要就是围绕这三种关系展开的：

第一计，"孟母三迁"，主要是关注孩子的教育。在孩子的教育过程中，通过塑造学习环境，让孩子在体验中成长。

第二计，"天伦之乐"，旨在建设亲子相处之道。通过有质量的陪伴，建立亲密的亲子关系，促进孩子的成长。

第三计，"爱屋及乌"，即夫妻相处之道。夫妻相处时，要学会相互体谅、包容和爱护。

第四计，"雪中送炭"，即婆媳的相处之道，旨在婆媳相处时要站在对方的立场上想问题，及时给对方帮助与关心。

第五计，"书香门第"，即家庭人文建设。旨在从家风建设的角度，传递正确价值观，传承优良家庭文化。

第六计，"一家之计"，即家庭规划，是家庭发展计划。

虽然以上计策在论述的过程中，更偏向某个关系的解读，但它们同样适用于其他家庭关系的维护。

孟母三迁：环境与体验是孩子成才的两大法宝

成语释义

　　孟母三迁，原意是指孟子的母亲为了使孟子拥有一个真正良好的教育环境，煞费苦心，曾两迁三地。现在既用来指父母用心良苦，也表示一个良好的环境对孩子的成长非常重要。

　　孟母三迁，在本计策中所包含的意义，不仅是为孩子塑造良好的成长环境，更是让孩子去体验教育的现实意义。

成语故事

　　西汉·刘向的《列女传·卷一·母仪》里说："孟子生有淑质，幼被慈母三迁之教。"孟母三迁的故事便出自于此。

　　孟子年少时好奇心很强，贪玩并善于模仿。孟子的家原本住在墓地附近，于是他经常玩办理丧事和建筑坟墓的游戏，学别人哭拜。孟母见此情形，认为此地不适合儿子居住，于是举家搬迁到集市附近定居下来。在集市居住期间，孟子又开始模仿商人做生意和市民杀猪的游戏，孟母仍然认为此地不适宜孟子居住，便再次举家搬迁至书院附近定居下来。孟子这时开始跟着书院的儒生们学习礼节和知识，孟母见此情景十分喜悦，从此便在这里定居下来，不再搬迁。这就是著名的孟母三迁的故事。

孟子简介

孟子（约前 372 年—前 289 年），姬姓，孟氏，名轲，战国时期邹国（今山东济宁邹城）人。相传他是鲁国庆父的后裔，是战国时期著名的哲学家、思想家、政治家、教育家，儒家学派的代表人物之一。政治上，他主张"法先王、行仁政"，最早提出"民贵君轻"的思想。学说上，他推崇孔子，反对杨朱、墨翟。

孟子曾仿效孔子，带领门徒周游各国，但不被当时各国所接受，随后退隐与弟子一起著书。孟子与其弟子的言论汇编于《孟子》一书，是儒家学说的经典著作之一。

其地位仅次于孔子，与孔子并称"孔孟"。

心理分析

行为主义创始人华生说过，"给我一打健全的婴儿，我可以保证，在其中随机选出一个，训练成为我所选定的任何类型的人物 ——医生、律师、艺术家、商人，或者乞丐、窃贼，不用考虑他们的天赋、倾向、能力，祖先的职业与种族 。"这一言论肯定了后天学习的作用，却完全否定了环境对人的影响。

加拿大蒙特利尔大学研究人员为研究"人的好斗性格是天生还是后天形成的"这一课题，针对魁北克地区 223 对同卵双胞胎和 332 对异卵双胞胎的儿童的行为进行了分析，结果表明儿童 6 岁前的攻击行为大多与遗传因素相关，而 6 ~ 12 岁阶段的攻击行为则主要是受环境影响。

这一研究再次证实了环境对人性格的影响。现今的人们对环境的认识越来越深，特别是在家庭教育中，怎样的亲子教育，什么样的家庭环境才能更好地影响孩子，一直是广大家长心中的重大困惑。

古人常说，"近朱者赤，近墨者黑"，说的便是环境对人的影响。在孟母三迁的故事中，我们再一次体会到了这种环境对人的影响。

根据史实记载，孟母三迁就发生在孟子 3～7 岁之间。在孟轲 3 岁丧父后，孟母承担起教育孟子的责任，但她发现住在坟墓和闹市附近，都不适合小孟轲的成长。于是她果断地在四年之内三次搬家，最终搬到宫学附近。事实证实，在宫学良好的学习环境的影响之下，孟子终成大器。

环境何以对人的影响如此之大？这当中主要有两个关键词：环境和体验。

1. 环境

从社会学的角度看，人是一切社会关系的总和，个人的存在与发展方式必然为一定社会条件下的人类生活（生产方式、科技活动、社会意识形态、教育文化等）所影响。也就是说，一个人身处什么样的环境，就会受到什么样的影响。

从朴素的社会心理学和生态心理学的角度分析，孟母三迁是非常经典的环境育人的范例。何谓环境育人呢？是指在一定时代背景下，教育者按照育人目标的要求，努力自觉地营造良好的育人环境，科学合理地利用环境资源为育人教育服务的一种方法和艺术。

常言道，"言传不如身教，身教不如文化熏陶"，文化熏陶就是人文环境对人心理行为的潜移默化的影响。而藏在人文环境背后的文化则影响着人的气质、品格。

文化指的是什么呢？文化是人们经过长期发展，所形成的约定俗成的思想和行为方式。这种思想和行为既是先天遗传的禀赋，即本能；又受到后天环境的影响，即社会影响。

孟子作为士族之后，拥有其先祖得天独厚的天赋。他虽年幼丧父，但其母按照育人目标，从动态中择优选择环境，三迁其家。最终以环境做铺垫，以礼学为熏陶，成就了为后世敬仰的"亚圣"孟子。

这是环境本身给人的自然作用。

2. 体验

体验是什么？

在刘惊铎著的《道德体验论》中体验被定义为人类的基本生存方式之一，也是一种震撼心灵、感动生命的魅力化育模式。

鲁迅在《花边文学·看书琐记》中说过："文学虽然有普遍性，但因读者的体验不同而有变化，读者倘若没有类似的体验，它也就失去了效力。"

这也就像父母对孩子说一千道一万的"不行"，不如孩子的一次体验来的真实，可见体验是人类生存发展必不可少的环节。

说到这点就不得不提到"游戏"了。从心理学的角度来说，玩和游戏不仅仅是孩子的天性，也是他们学习和成长的主要方式。当儿童做游戏的时候，他们也是在发展知觉与智力。

现在游戏不单单是小孩的专属，也是许多成人的最爱。为什么游戏会如此受欢迎呢？主要是它能给人带来体验感。这种体验可以是他们生活中已有的行为，也可以是生活中不存在的行为。也正是有了这种体验模式，才丰富了人的感官体会、精神领悟。

然而事实上，很多家长在做一些剥夺孩子体验的事情，为孩子制定各种"不行""不能""禁止"的条条款款、框框架架，有些父母甚至从孩子一出生，就开始为他们规划终生，担任起"直升机父母"的角色。

所谓"直升机父母"，是指那些"望子成龙""望女成凤"的父母像直升机一样盘旋在孩子的上空，时时刻刻监控孩子的一举一动。

那家长为什么会剥夺孩子的体验呢？一部分原因是爱，因为爱孩子，怕孩子受伤，因此控制孩子的行为，剥夺他们的体验；另一部分原因则是家长不愿意承担体验失败的不良后果，他们怕为这个结果买单，怕给自己制造麻烦。

其实这两种剥夺的前提都是家长怕为此买单，只不过前者更多的是心理的单，后者更多的是物质的单。当然如果情形严重，可能同时存在这两种单，这是家长最不愿意看到的。

他们都明白"不经风雨怎么见彩虹""温室里的花朵"所蕴含的意义，也知道孩子需要磨炼，需要自己体验。但他们不明白这种体验的剥夺对孩子和家长自身来说都是十分危险的事情，不明白体验的剥夺将会给他们以及孩子的将来带来多大的创伤。

杨百翰大学研究人员针对 438 名大学毕业生的研究发现：过度控制孩子的父母，如果对孩子的关爱越缺乏，孩子的自我价值满足感就越低，不良行为的发生率就越高。

因此，家长们需要明白的是，让孩子体验会比父母的苦口婆心更能让孩子信服，它不仅能够发展孩子的内在潜能，增长孩子的自信；还可以让孩子获得对事物的认知，从而形成自己的人生观、价值观和世界观。

另外，在体验过程中，亲子之间的互动既能让父母和孩子加深对彼此的了解，促进亲子关系和谐，还能让父母和孩子一起学习，一起成长。这种体验式的教育的意义是其他的教育形式所不具备的，也是无可替代的。

幸福之计

在家庭的亲子教育过程中，特别要注意两点：环境塑造和体验教育。

1. 环境塑造

环境塑造不仅包括家庭环境，也包括除家庭之外的其他环境。

在家庭环境的塑造方面，由于家庭的经济状况暂时无法改变，所以我们需要塑造的是家庭人文环境。为了营造良好的人文环境，父母的行为举止是最先要改变的。父母作为孩子的第一任老师，更是孩子学习的第一榜样。正如"有其父必有其子"，父母思想的高度在很大程度上影响着孩子未来的发展。

如果家长希望培养孩子读书的兴趣，家长不仅要在家中陪孩子一起阅读，营造读书氛围，还要经常带孩子去图书馆之类的公共阅读场所，以及一些诸如博物馆之类的知识氛围浓厚的场所，以激发孩子的求知欲和阅读兴趣。

2. 体验教育

家长在安全可控的环境之下，要给予孩子体验空间。当然由于孩子的经历尚浅，思维方面也没发育成熟，所以犯错是在所难免的，但是只要孩子的犯错是在法律法规、道德标准允许的情况下，家长都要允许孩子犯错。

允许孩子犯错，并不是说家长要对孩子不管不问，而是在孩子对所犯错误有所体会的时候，家长要及时告知正确的方法，及时对孩子的问题指出纠正。

就像刚刚学习走路的孩子一样，难免会摔跤，但是家长要给他们摔跤的机会，也许两次、三次、四次……甚至十次，只要没有受伤之类的情形出现，家长都不需要去管他们。之后家长就会发现，孩子慢慢地学会了走路，并且越走越稳，越走越快。

注意事项

在孩子体验的过程中，家长切记不要将孩子的体验与环境分开。因为体验是在环境中进行的，只有孩子亲自体验过，家长才这道这个环境是不是适合孩子。

就像孟母三迁一样，在孟子体验不同的环境之后，孟母才能最后选择最适合他成长的住处——宫学。

天伦之乐：唯有陪伴才能建立亲密关系

成语释义

天伦指老一辈和小一辈有血缘亲属关系。天伦之乐就是老一辈和有血缘关系的小辈相处得快乐。

本计策旨在调节亲子关系，通过家庭成员的互相陪伴，建立和谐融洽的亲密关系。

成语故事

天伦本指兄先弟后，天然伦次，故称兄弟为天伦；后泛指父子、兄弟、夫妻等亲属关系，所谓家庭团聚一堂的欢乐。中国古代很多名著中都有提到这一成语。《红楼梦》第七十一回中写道："闷了便与清客们下棋吃酒，或日间在里边，母子夫妻，共叙天伦之乐。"《二十年目睹之怪现状》第二十六回中写道："一家人只要大节目上不错就是了，余下来便要大家说说笑笑，才是天伦之乐呢。"

天伦之乐这一成语最早出自唐代诗人李白的《春夜宴从弟桃花园序》："会桃花之芳园，序天伦之乐事。"

李白简介

李白（701 年 — 762 年），字太白，号青莲居士，又号"谪仙人"，是中国唐代浪漫主义诗人中，最具代表性的伟大诗人之一，被贺知章称为"诗仙"，其诗大多以描写山水和抒发内心的情感为主，诗风雄奇豪放。他的代表作有《望庐山瀑布》《行路难》《蜀道难》《将进酒》《梁甫吟》《早发白帝城》等。

李白与杜甫并称为"大李杜"，且李商隐与杜牧并称为"小李杜"。他为人爽朗大方，爱饮酒作诗，诗作多在醉时所写，喜交友。

李白出生于盛唐时期，他的一生绝大部分时间都在旅行中度过，游历了大半个中国。

心理分析

家，永远都是我们最眷恋、最怀念的地方。一直以来，人们对于家的描述，向来都是赞美之词溢于言表，诸如父慈子孝、其乐融融等成语，"温暖的港湾""避风港""天堂"等象征语。更有众多名人发表对家庭眷恋的言论，如《乌托邦》作者托马斯·莫尔曾说，"走遍天涯觅不到自己所需要的东西的人，回到家里就发现它了"。华盛顿也说过，"让孩子感到家庭是世界上最幸福的地方，这是以往有涵养的大人明智的做法。这种美妙的家庭情感在我看来，和大人赠给孩子们的那些最精致的礼物一样珍贵"。

近年来，随着《爸爸去哪儿》《潮童天下》《爸爸回来了》等亲子节目的走红，亲子关系俨然成为当今社会的热门话题。而根据北京师范大学教育学部家庭教育研究中心主任陈建翔发布的《2016 年中国亲子教育现状调查报告》发现，现在的亲子教育中存在诸多问题：

许多家长不能正确理解"爱"的真谛,不自觉地把成人的恐惧、贪婪、功利心当作"爱心"传输给孩子;育儿焦虑、教育过度现象依然存在;体现家族文化传承影响的"隧道效应"还是比较明显,而家长对此往往没有清楚的意识;等等。

在亲子教育中,如何建立良好的亲子关系,如何陪伴孩子等问题已经成为热点话题,这也是为什么我们要强调"天伦之乐"的原因。

在追求"天伦之乐"的过程中,需要突出两点:第一是亲密关系,特别是亲子之间的亲密关系;第二是陪伴,主要也是亲子陪伴。

首先,我们先了解一下什么是亲密关系。在心理学中,亲密关系指的是不限性别、年龄的两人之间和谐融洽的关系。家庭中的亲密关系包括夫妻关系、亲子关系、祖孙关系、兄弟关系等,但对人际关系影响最大的当属亲子关系。

亲子关系的质量决定着社会化过程是否顺利,也决定着社会化可能达到的水平。社会化过程则是人适应社会环境的过程,一个人的环境适应能力,影响着一个人的发展广度。所以亲子关系在一个人成长的过程中发挥着重要作用。

那么在亲子教育过程中,如何才能建立亲密的亲子关系呢?常言道,"陪伴是最长情的告白"。在亲子关系的建立过程中,亲子陪伴是必不可少的,许多研究结果都发现,留守儿童中发生问题的概率比有父母陪伴的儿童高得多。

通过陪伴增强亲子关系的过程,其实是依恋关系建立的过程。依恋主要产生于婴儿与其父母的相互作用过程中,是亲子感情上的联结和纽带,并且依恋可以提高婴儿生存的可能性,加强孩子的环境适应能力。

那什么是亲子陪伴呢?亲子陪伴包括两层意思,一是"陪",父母跟随孩子,陪同孩子做适合孩子年龄发展需求的事情;二是"伴",

父母和孩子在一起，不仅要为孩子的发展提供支持，还要通过与孩子互动，不断反思自己，实现自我成长。有关调查显示，现在越来越多的家长明白陪伴对于孩子成长的重要性，也乐于空出时间陪伴孩子。

2017 年，凤凰健康网在网上进行对亲子陪伴的调查，调查结果显示，69% 的父母是自己带孩子，28.7% 的父母是把孩子交由长辈带着，仅有 2.3% 的父母会请保姆带孩子。而超过半数的（52.5%）父母每天可以花 2 个小时以上的时间陪伴孩子，如果在周末，有近半数（47.7%）父母会选择带孩子出门玩。同时在陪伴的过程中，84.6% 的父母都认为倾听孩子的需求是非常重要的；93.3% 的父母认为更多的陪伴可以让孩子的人格更加完善。

然而在实际的陪伴中，陪伴的质量却成为众多家长为之苦恼的大问题。从平安人寿联合南方周末、零点有数、微博母婴等机构共同发布的《2017 年中国家庭亲子陪伴白皮书》中可以看出，家长在关心孩子身心健康的同时却忽视了陪伴质量，口头上说重视亲子陪伴，但实际上并没有付出行动，尤其是在父亲方面，陪伴更是少得可怜。在父母心中，准备房产、保险等"物质陪伴"比时间陪伴来得更实际、更长远。

由此可见，提高家长的陪伴技巧尤为重要。那什么才是高质量的亲子陪伴呢？现今有一个流行词叫"活在当下"，虽然这个词是告诫人们要珍惜现在，但是也同样适用于亲子陪伴。父母对孩子的陪伴要在当下，和孩子的交流互动也要在当下。

许多父母在陪伴孩子的过程中，只关注于自己的事情，做家务、玩手机等，与孩子的交流并不多。在他们看来，只要和孩子在一个空间里，就是对孩子的陪伴。其实这是父母对陪伴的最大误解。

陪伴一定要身心俱在。"身在"除了要真实陪伴在孩子身边，还要和孩子交流互动，如给予他更多亲吻、拥抱、抚触等身体接触；"心在"是指心无杂念，这一刻就是要陪伴孩子，不能被别的什么事打扰，要专注于当下的陪伴。

事实上，许多孩子喜欢调皮捣蛋，都是源于父母的关注不够，孩子的行为只是为了引起父母的注意罢了。

另外，在陪伴的过程中，父母双方一定要统一观念，避免在孩子面前发生争执。如果父母双方观点都不统一，你争我吵的，那还怎么陪伴孩子呢？父母之间的相处模式对孩子以后的人际发展会产生很大的影响，它甚至会成为孩子以后人际交往的模板，所以父母要关注自己当下的言行，父母相亲相爱是给孩子最好的礼物，也是孩子学习爱、感受爱的源泉，这种无形的陪伴甚至比身心陪伴更有利于孩子的成长。

其实不管是身心陪伴，还是父母相亲相爱的关系陪伴，都能使亲子关系更加亲密和谐，更加张弛有序，在陪伴过程中传递给孩子的爱和信任更是孩子一生受用不尽的财富。

幸福之计

在家庭教育的过程中，陪伴是建立亲密关系的法宝，所以享受"天伦之乐"重在陪伴。那么，家长们可以使用哪些方法来更好地陪伴孩子呢？

1. 制订陪伴计划

父母制订一个计划，规定亲子的陪伴时间，比如约定一周、半个月或者是一个月，家庭内所有成员参加一次集体活动，可以是一起去公园郊游，也可以是参加娱乐活动，当然还可以自己组织一些游戏活动。

2. 平时陪伴

平时要规划好亲子陪伴时间，陪伴时间可以有一个主题设置，如亲子阅读时间、学习时间、游戏时间等。最好每天都有一段陪伴时间，无论长短，只要交流即可，并且在陪伴时最好父母都在场。如果情况不允许，至少要保证爸爸或者妈妈有一方有时间陪伴孩子。

3. 陪伴主题

亲子陪伴之时，可以根据孩子的年龄以及成长需要，制订不同的亲子教育主题。例如：为了培养孩子的冒险精神，陪他去参加野外的露营等。

注意事项

第一，父母在陪伴孩子的过程中，尽量和孩子的行为保持一致。做到以身作则，充当孩子的学习榜样。切忌在陪伴的过程中，人在心不在。

第二，父母在陪伴孩子的过程中，要注意身份的转化。父母切忌端着成人的身份，对孩子居高临下地下达命令。例如：父母在与孩子玩游戏时，是孩子的游戏玩伴。而与孩子在一起学习时，则是严师以及同伴的身份。父母要以平等的身份对待孩子，尊重孩子的选择。

第三，在陪伴过程中，父母要尽量避免在孩子面前做出一些消极的行为，比如讲脏话，背后议论别人，将孩子与别人比较，言行不一等，而应该更多地表现出积极的行为，比如赞美、鼓励等言行。

爱屋及乌：婚姻中需要包容

成语释义

爱屋及乌，字面意思是因为爱一个人而连带爱他屋上的乌鸦。后来人们常用来比喻爱一个人而连带地关心到与他有关的人或物。

本计策表示，在夫妻相处之时，宽容和包容是非常重要的，既然爱他，就要尊重他的家人。

成语故事

"爱屋及乌"出自汉·伏胜的《尚书大传·大战》："爱人者，兼其屋上之乌。"比喻爱一个人而连带地关心到跟他有关的人或物。

传说，殷商末代的商纣王是个穷奢极欲、残暴无道的昏君，百姓怨声载道。姬昌的儿子即周武王继承王位后，顺应民情，深受百姓爱戴。

在姜太公和两个弟弟的帮助下，周武王积极练兵，并联合其他诸侯国，共同伐纣。双方在牧野展开大战，武王的军队越战越勇，而纣王的军队早就不想再为丧心病狂的纣王卖命了，他们丧失了军心，扔掉了手中的武器，纷纷投奔周武王。这时，周武王的军队乘胜追击，很快攻克了商的都城朝歌，纣王走投无路，在鹿台点火自焚，商朝就此灭亡。

周武王攻克朝歌之初并未感到轻松，因为他如果想尽快结束战乱、安定天下，就必须首先安顿好纣王留下的军队。但是对于如何处置商朝遗留下来的权臣贵族、官宦将士，能不能使局面稳定下来，武王心里还没有谱，因此感到十分担忧。为此，他请姜太公等人前来商议。

姜太公说："我听别人说，喜欢一个人，就会连带着喜欢他屋顶上丑陋的乌鸦，而憎恨一个人，就算是看到他家的墙壁，也会深恶痛绝。这句话说得很明白，大王应该杀掉旧朝的那些将士，斩草除根，才可以稳住大局，从而统治天下。"

周武王不同意姜太公的意见，就问周公旦。

周公旦说："大王既然取得了天下，就应该以仁德来感化百姓，既不偏爱自己的亲友部下，又能尊重其他人，这样才能赢得民心。我看，应该让纣王的部下回家务农，与家人团聚。这样既除去了敌对势力，又让他们各得其所，安居乐业，大王觉得如何呢？"

武王听后非常高兴，豁然开朗，认为自己终于得到了安邦治国的良策，于是就按周公旦的建议治理天下。从此，百姓安居乐业，民心归附，周朝不断强大起来。

武王虽然没有采纳姜太公的建议，但"爱屋及乌"却成为千古流传的一句成语。

姜太公简介

姜太公（约前 1156 年—约前 1017 年），姜姓，吕氏，名望，字子牙，号飞熊，他的祖先曾受封于"吕"地，故又名"吕尚"，河内郡汲县（今河南卫辉市）人。他是中国古代杰出的政治家、军事家、韬略家，儒、道、法、兵、纵横诸家皆将他视为本家人物，故被尊为"百家宗师"，是周朝的开国元勋，商末周初兵学的奠基人。

姜子牙垂钓于渭水之滨，遇见西伯侯姬昌，被拜为"太师"（武官名），尊称太公望，从此成为姬昌伐纣灭商的首席智囊，辅佐姬昌建立霸业。西伯侯姬昌逝世，其子周武王姬发即位后，尊其为"师尚父"。

姜子牙成为周国军事统帅，人称姜尚。辅佐武王消灭商纣，建立周朝后，姜子牙便被封为齐侯，定都于营丘，成为姜氏齐国的缔造者、齐文化的创始人。他辅佐周公旦，平定内乱，开疆扩土，建立成康之治。周康王六年，姜子牙卒于镐京，长子姜伋嗣位。

后世对其推崇备至，历代皇帝和文史典籍尊其为兵家鼻祖、武圣、百家宗师。唐肃宗时期，追封他为武成王，设立武庙祭祀。宋真宗时期，他被追谥昭烈。

心理分析

爱情容易使人变得盲目。人们会因为喜欢上一个人，便只能看到对方身上的闪光点，忽视对方的缺点，有时候即使知道那个人劣迹斑斑，也会因为爱他，而对他进行美化。

从社会心理学的角度来讲，这种现象叫作"光环效应"。光环效应又称晕轮效应，它是一种影响人际知觉的因素。这种爱屋及乌的强烈知觉的品质或特点，就像月晕的光环一样，向周围弥漫、扩散，所以人们就形象地称这一心理效应为光环效应。和光环效应相反的是恶魔效应，即对人的某一品质，或对物品的某一特性有坏的印象，会使人对这个人的其他品质，或这一物品的其他特性的评价偏低。名人效应就是一种典型的光环效应。

在恋爱初期的两个人，容易将对方的优点放大放亮，让那些缺点显得都微不足道，但是在相处一段时间后，就会发现"这人怎么都是缺点，实在是受不了"，甚至还认为"当初自己不开眼，被他骗了"。殊不知这只是我们的认知回归正途罢了，自己能够看清爱人的另一面了。

对爱人不好的一面，我们实在没办法接受，于是小吵小闹就开始了，唇枪舌剑就上演了，耳鬓厮磨就不见了，当初的亲密感也就慢慢消失了。闹离婚、想分居的念头就一个个蹦出来了。

其实现在大多的婚姻问题，都是源于不包容。我们做不到，爱这个人，也要爱他的不完美；做不到，爱这个人伟岸的身躯，也爱他坚持的位置，脚下的土地。

在正常的婚姻家庭中，丈夫与妻子不仅要互相迁就，而且还要对理想与现实互相妥协。家是讲情的地方，不是讲理的地方。一位哲人说："结婚前要睁大你的双眼，结婚后就要闭上一只眼睛。"这句话是何其有道理。

相信很多人都听过莫文蔚的歌曲《当你老了》，也被里面的真情所感动，"多少人曾爱你青春欢畅的时辰，爱慕你的美丽，假意或真心，只有一个人还爱你虔诚的灵魂，爱你苍老的脸上的皱纹。"这是多么深刻的爱情，既爱对方的美丽，也爱对方苍老的脸庞。

一个人不可能十全十美。你之所以会喜欢一个人，一定是这个人的某一点吸引了你，才让你倾心。如果你深爱一个人，那么就要学会宽容他（她）。反过来，如果你恒久地宽容一个人，那么你一定非常爱他（她）。

幸福之计

1. 尊重

我们要想使自己的婚姻稳固，最重要的一条是学会尊重，只有懂得尊重对方，才能得到对方的尊重。同时，还要尊重对方的父母兄弟姐妹以及对方的亲朋好友。

那些我们不能习惯的对方或者其他人的生活习惯或处事方式，我们也要做到适当地尊重。如果我们因此而瞧不起对方的家人，更有甚者将对方家人推到了自己的对立面，这种做法不仅会使自己陷入孤立无援的境地，还会对婚姻的稳固造成致命伤害。

2. 成长

夫妻之道似乎可归纳为两个原则，一是"努力使自己被对方欣赏"；二是"努力去欣赏对方"。爱情的真正魅力在于互相欣赏。如果我们想要对方变成我们所希望的那样，我们首先要做到的就是先让自己成长，从而通过互相影响的模式，使对方得到成长。

夫妻双方来自不同的成长背景，总会有不一样的地方。共同成长会让夫妻之间更加了解，夫妻情感也会更加融洽。

3. 给予

爱是给予，不是索取。我们大多数人将爱看成是"被爱"，而不是"去爱"，只想如何让自己变得可爱，而不是主动地学会如何去爱对方，怎样去关心对方的精神需要。真正的爱是倾其全身心的"我给"而不是"我要"，是以自己的生命力去激发对方的生命力。

给予比接受更快乐，因为给予的过程表示了自我生命的存在。爱对方，就要给予对方一定的物质空间和情感空间。

注意事项

在夫妻相处的过程中，我们要接受对方的不足，但在一些原则问题上，是绝不能妥协的，如家庭暴力、违法行为等。

雪中送炭：婆媳相处的秘籍

成语释义

雪中送炭本意是指在下雪天给人送炭取暖。后来比喻在别人急需时给予物质上或精神上的帮助。

此词用在婆媳相处层面，是指当对方需要帮助或处于某种特殊时期时，另一方要适时地帮助对方，真心为对方着想。

成语故事

范成大是南宋时期的著名诗人，晚年在故乡苏州石湖边隐居，因此自称石湖居士。他一生中写过许多诗歌，而且诗作风格多种多样，其中以清新典雅为主要特色。在他留下的《石湖居士诗集》中，包含了许多著名的诗句。在他的《大雪送炭与芥隐》诗中有这样两句："不是雪中须送炭，聊装风景要诗来。"成语"雪中送炭"就是从范成大的这首诗句中简化而来的。

在《宋史·太宗纪》中记述了这样一个故事：有一年冬天，下了一场非常大的雪，天气变得十分寒冷，人们都躲在屋里避寒。宋太宗正在寝宫中休息，穿着狐狸皮外套，一边烤火取暖，一边品尝着各式各样的美味佳肴。当他看到窗外飘着纷纷扬扬的大雪时，忽然想起了那些可怜的穷人，他们吃不饱，穿不暖，正在大雪中挨饿受冻。于是宋太宗马上派出手下的官员，带上许多粮食和木炭，出了皇宫，来到老百姓们生活的地方，把粮食和木炭送到那些穷人和孤苦伶仃的老人手中，这样一来，他们就能有米做饭，有木炭生火取暖了，受到救助的人们都很感激。于是，历史上便留下了"雪中送炭"的佳话。

宋太宗赵光义简介

宋太宗赵光义（公元 939 年—公元 997 年），字廷宜，宋代的第二位皇帝。本名赵匡义，后因避其兄宋太祖名讳改名赵光义，即位后又改名赵炅。

开宝九年，宋太祖驾崩后，赵光义登基为帝。

赵光义即位后使用政治压力，迫使吴越王钱俶和割据漳、泉二州的陈洪进于太平兴国三年纳土归附。次年亲征太原，灭北汉，结束了五代十国的分裂割据局面。两次攻辽，企图收复燕云十六州，都遭到失败，从此对辽采取守势，并且进一步加强中央集权。

赵光义即位后，继续进行统一宋朝的伟业，鼓励垦荒，发展农业生产，扩大科举取士规模，编纂大型类书，设考课院、审官院，加强对官员的考察与选拔，进一步限制节度使的权力，力图改变武人当政的局面，确立文官政治，改变唐末以来重武轻文的陋习。这些措施顺应了历史潮流，为宋朝的稳定做出了重要贡献。

毛主席对宋太宗的评价是"此人不知兵"，指其缺乏军事才能。

赵光义在位共 21 年。至道三年（997 年），赵光义去世，庙号太宗，谥号至仁应道神功圣德文武睿烈大明广孝皇帝，葬永熙陵。

心理分析

古今中外，婆媳之间普遍存在冲突。常言道"女人何苦难为女人"，但是往往婆媳之间的相处就像一场没有硝烟的战争，给家庭笼罩上了一层厚重的"雾霾"。

《孔雀东南飞》中写道："十三能织素，十四学裁衣，……非为织作迟，君家妇难为！妾不堪驱使，徒留无所施。便可白公姥，及时相遣归。"描述了中国传统社会中女子与婆婆之间的矛盾。剑桥大学心理学研究者特·阿普特在倾听了 163 个人的婆媳故事后，写成《你要从我这得到什么？》一书。在他调查的案例中，有 60% 的受访女性认为，与婆婆的矛盾让她们长期感到有压力。

婆媳为什么容易有矛盾冲突？造成他们之间矛盾冲突的点在哪儿呢？

1. 认知冲突

婆媳双方出生成长于两个不同的时代，对于事情的认识肯定会存在不同之处。生活中常见的婆媳矛盾主要集中在三个方面：生活习惯、男女地位及孩子教育。

2. 情感冲突

婆婆、丈夫、媳妇这三者的关系极为微妙。婆婆和丈夫的血缘关系，丈夫与媳妇的亲密关系，使这三个人同处在一个屋檐下。由于婆婆与丈夫是血浓于水的亲情，媳妇与丈夫是相濡以沫的爱情，丈夫与哪一方都是不能分割的。所以，婆婆和媳妇都认为对方是自己情感中的"第三者"，都在争夺丈夫的拥有权。

3. 个性冲突

年轻一代是个性张扬的一代。婆婆和媳妇作为不同时代的两个女人，共同生活在一个屋檐之下，难免会发生矛盾。

虽然婆媳之间有许多冲突，但并不是没有办法解决。外在的帮助、协调，会有一定的帮助，但更多的只是治标不治本，只有婆媳双方共同助力，才能从根本上解决婆媳矛盾。

如果婆媳双方牢记并且做到"雪中送炭"，婆媳相处就不是什么难事了。那如何做到"雪中送炭"呢？就是当婆婆或媳妇处于特别时期时，要及时地送上关心和援助之手。

对于媳妇来说，特殊时期就是怀孕前后的时间段。女人在分娩前后，生理与心理都处于紧张期，这时她们特别希望有人陪伴自己、理解自己、关心自己。我在做咨询的过程中，也发现婆媳冲突的根源大多就在于婆婆在媳妇生小孩期间，没有进行及时的关心和帮助，甚至还对媳妇百般挑剔。

要知道，人们天生对不好的事情比较敏感。别人对自己的好可能记不住，但别人对自己的坏我们总是念念不忘。在媳妇最脆弱的时候，婆婆没有"雪中送炭"，甚至还"雪上加霜"，那两人怎么可能和平相处呢！

同样地，在婆婆遭遇一些不幸之事时，媳妇也要适时地陪伴、开解。常言道，"老小老小，越老越小"。婆婆是家中的长辈，做媳妇的要学会尊重婆婆，理解婆婆，陪伴婆婆，给予婆婆心灵上的温暖，这比任何物质上的关怀都更重要。

婆媳之间为什么要做到"雪中送炭"呢？这里面到底蕴藏着怎样的玄机？接下来就为大家揭晓。

2002 年诺贝尔经济学奖得主丹尼尔·卡恩曼将心理学的综合洞察力应用于经济学的研究中，提出了"峰终定律"。所谓的"峰"和"终"是两个关键时刻的体验，通俗来讲，就是人们常说的"一次不好，百次无用"。

在人际关系中，关键时刻的帮助往往会让人记忆更深刻，也更容易令人心存感激，这时候的一次"雪中送炭"，比得上百次千次的"锦上添花"。而在关键时期的伤害，对人的伤害是最深的，也是心结的易成时期，并且这种心结也最不容易消除。

媳妇生孩子就处于人生的关键期，婆婆此时的"雪中送炭"能够发挥其最大的威力。当然"雪中送炭"并不仅仅局限于婆媳关系中，在其他的诸如夫妻关系、朋友关系之中，"雪中送炭"也是一剂良方。

幸福之计

婆媳的相处之道，有两方面：

1. 平时的相处

关怀和被关怀是人类的基本需要，同样人也需要被接受、被承认、被理解、被给予和被尊敬。婆媳在平时的相处中，就要相互尊重，互相接纳，即使两者性格不容，也可以自在快乐地生活。

只要有爱心，就能打造出和谐平等而又亲密无间的新型婆媳关系。

2. 难时的相处

患难时刻见真情。特别是在女人生育前后，在工作拼搏之时，在经历人生的不幸时，婆婆和媳妇如果能够给予对方帮助与关怀，一定会让婆媳之间化干戈为玉帛，甚至还会培养出母女情。

当然婆媳的相处之道，并不仅仅只是"雪中送炭"，更多的是在平时相处中，互相理解、互相包容、互相尊重。

请谨记，如果你爱你的先生／孩子，请你也爱他爱的人。

注意事项

　　婆媳相处中，除了尊重包容之外，还需要感恩。如果时常怀着感恩的心与对方相处，设身处地地为对方着想，你就会发现，其实所有的冲突并没有想象的那么严重。

书香门第：家风营造者

成语释义

"书香"是指古人为防止蠹虫咬食书籍，便在书中放一种芸香草，这种草有清香气，夹有这种草的书籍打开后清香袭人。"门第"是指天子门生。"书香门第"旧时指出自读书人家庭，现在泛指好的家庭背景。

在本计策中，主要是指在家庭教育时，家长要注意家风家教的建设，以及优良价值观的传递。

成语故事

书香门第旧时指出自读书人家庭，现在泛指好的家庭背景。出自清·文康《儿女英雄传》第四十回："如今眼看书香门第是接下去了，衣饭生涯是靠得住了，他那个儿子只按部就班的也就作到公卿。"

专门来讲，书，泛指四书五经，是有三教智慧的传承的书。香，指的是家里有祠堂家庙、家谱。门，指的是家族的地位在社会上得到认可。第，指的是家里每 100 年就出一个对社会有重大责任的人。这样的家族可以称得上是书香门第。

书香，古时的读书人家，一般都有较多书籍。古人为了更好地存放这些书籍，更有效地防止这些书籍出现霉变、虫蛀等问题，一般用常见的樟木来制作成书箱从而更好地存放书籍，或用制作家具后剩下的樟木片，放在大量书籍的间隙中；还有一种防蛀方法，就是在书中放一种叫芸香草的中药。无论放芸香草还是樟木片，放这些的目的都是让蛀虫闻到它们的气味就会远离，让书籍得到更好的保护，十年如一日，就好像新书一样。所以，书香是指书中文雅的气息。

心理分析

近年来，我国对于"家风"的建设问题越来越重视，习主席也指出，"家庭是社会的基本细胞，是人生的第一所学校。不论时代发生多大变化，不论生活格局发生多大变化，我们都要重视家庭建设，注重家庭、注重家教、注重家风"。

从古至今，人们对于"书香世家"无不神而往之。这不仅是源于人们对于知识的渴望，更多是因为书香门第之家的深厚文化底蕴，可以使后辈受益无穷。

书香门第的家庭，在引导孩子读书学习时，更能从上一代的读书经验中，把握哪些书可以让孩子修身养性，哪些书可以让孩子安身立命，哪些书可以把孩子培养成经国济世的大人才。有了"书香"引导，这种家庭培养出来的孩子不仅知书达理，而且眼界辽远开阔，人生成就更是让人钦羡不已。

你看，古有司马谈、司马迁父子，班彪、班固、班昭一家，蔡邕、蔡文姬父女，曹操、曹圣、曹植"三曹"，王通、王勃祖孙，杜审言、杜甫祖孙，苏洵、苏轼、苏辙"三苏"等。近现代以来，也有陈宝箴、陈三立、陈寅恪祖孙三代，钱钟书家族，俞平伯家族，冯友兰家族，梁启超家族，傅雷、傅聪父子，杨武之、杨振宁父子等。这些家族的成功都是源于优秀的家风。

那么什么是"家风"呢？家风是一个家庭的传统风习，是世代相传逐渐形成的生活作风、生活习惯、生活方式的总和。家风往往是在潜移默化中形成的，且和家教有着密切联系。

正如隋代颜之推在《颜氏家训·治家篇》中说的那样："夫风化者，自上而行于下者也，自先而施于后者也。是以父不慈则子不孝，兄不友则弟不恭，夫不义则妇不顺矣。父慈而子逆，兄友而弟傲，夫义而妇陵，则天之凶民，乃刑戮之所摄，非训导之所移也。"其就是强调父母、长者的表率作用。

家风的形成主要依托家教，也就是通过家庭长辈们的言传身教，对晚辈们产生潜移默化的教化作用，从而把道德规范、原则传递给晚辈们，使晚辈们的行为合乎道德要求。家教可以说是最基础、最直接、最有效的教育方式。

中国传统社会高度重视家风家教，其中"孟母三迁""岳母刺字""画荻教子"等故事广为流传，《颜氏家训》《朱子家训》《温公家训》《袁氏世范》等也备受世人推崇。在现实生活中，人们对那些行事没有规矩，处事无章法的人，更多的也会归因于他的家教问题，说他们"没有家教"或"家教有问题"。

在家风的传承过程中，好的家风是可以世世代代流传的。通常来说，人们对家风中的核心内容、精神会一直传承下去，但在具体的行事规章上，会随着时代的更替做出一定的调整。

这一点可以从周恩来总理的"十条家规"以及周氏家训的对比中发现，周总理"十条家规"中的核心内容"诚""俭""忍"，可从其先祖周敦颐的家训中寻出根源，而"十条家教"中的"在任何场合都不要说出与总理的关系，不要炫耀自己"等内容，则是周总理根据自身的情况所做出的调整。

以下附上周氏家训和周总理的"十条家规"供读者参考。

周敦颐时期的周氏家训主要为：

读书为重，次即农桑。取之有道，工贾何妨。克勤克俭，勿怠勿荒。

孝友睦姻，六行皆臧。礼义廉耻，四维毕张。处于家也，可表可坊。

仕于朝也，为忠为良。神则佑汝，汝福绵长。倘背祖训，暴弃疏狂。

轻违礼法，乖桀伦常。贻羞祖宗，得罪彼苍。神则殃汝，汝必不昌。

最可憎者，同类相残。不念同气，偏论异乡。手足干戈，我心忧伤。

愿我族姓，怡怡雁行。通以血脉，泯厥界疆。汝归和睦，神亦安康。

引而亲之，岁岁登堂。同底于善，勉哉勿忘。

周恩来总理制定的"十条家规"：

一、晚辈不准丢下工作专程来看望他，只能在出差顺路时去看看；

二、来者一律住国务院招待所；

三、一律到食堂排队买饭菜，有工作的自己买饭菜票，没工作的由总理代付伙食费；

四、看戏以家属身份买票入场，不得用招待券；

五、不许请客送礼；

六、不许动用公家的汽车；

七、凡个人生活上能做的事，不要别人代办；

八、生活要艰苦朴素；

九、在任何场合都不要说出与总理的关系，不要炫耀自己；

十、不谋私利，不搞特殊化。

何以家风能够对人的影响如此之大呢？这是因为家庭是个人成长过程中，所接触的第一个社会环境，也是首要环境。家庭的文化环境状况，影响并决定着孩子以后的行为表现。

现今，由于时代的变迁，许多人基本上是没有家族观念的。他们没有了书香门第的背景，也不是贵族出身，缺乏先天的文化土壤。唯一能弥补的就是营造书香门第的家庭氛围，让孩子从小与经典同行，与圣贤为友，站在高起点上开创自己的人生。

幸福之计

在家庭建设中，制定适合自己家庭的家训，并且切实落实家训的传承，但在制定家训过程中，需要做到以下两点：

第一，如果已有家族传承的家风家训，可以继续传承使用，倘若家族内没有固定的家风家训，则可以根据历史上一些著名的家风家训作为自己的家训。但是在家训内容的选择上，应是对每个家庭成员都适用的。

第二，家训的内容应该符合时代的发展，有利于孩子的成长，且是长时间适用的。例如可以把社会主义核心价值观中的民主、平等、和谐、法治、责任、宽容、感恩、独立、自律等设置成自己的家风家训。

注意事项

第一，家风文化可以根据孩子成长的需要进行调整，但是要保证核心内容稳定不变，比如说对孩子的为人处世等基本原则要求不能变。

第二，家长是家风的主持者以及维护者，既要做到以身作则，也要对家属严格要求，决不能因为亲情而睁一只眼闭一只眼，要做到一视同仁，互相监督。

一家之计：家庭规划

成语释义

一家之计，原意是一夫一妻的家庭。

本计策用"一家之计"，是指对家庭生活进行规划。

成语故事

一家之计，出自元·关汉卿《窦娥冤》第二折："人命关天地，别人怎生替得？寿数非于今世，相守三朝五夕，说甚一家一计。"

关汉卿简介

关汉卿（1234 年前 — 1300 年左右），"汉卿"是字，号已斋（一斋、已斋叟），汉族，解州（今山西省运城）人，另有籍贯大都（今北京市）和祁州（今河北省安国市）等说。元杂剧奠基人，"元曲四大家"之首，与白朴、马致远、郑光祖并称为"元曲四大家"。

关汉卿的杂剧成就最大，今知有 67 部，现存 18 部，个别作品是否为他所作，无定论，最著名的是《窦娥冤》。关汉卿也写了不少历史剧，如《单刀会》《单鞭夺槊》《西蜀梦》等；散曲今存小令四十多首、套数十多首。关汉卿塑造的"我是个蒸不烂、煮不熟、捶不匾、炒不爆、响珰珰一粒铜豌豆"（《一枝花·不伏老》）的形象也广为人称，被誉为"曲圣"。

心理分析

在现代，人们的婚姻更多的是找一个相伴终生的伴侣。无论富贵贫穷，无论健康疾病，无论人生的顺境逆境，在对方最需要的时候，都能不离不弃直到永远。

爱情是美好的，每个人都渴望婚姻誓词中的相携到老。但在家庭的长久发展中，爱情并不是万能的，它还需要有"柴米油盐酱醋茶"所组成的物质基础。当然除了物质，还需要精神追求。现在的家庭矛盾，更多是由于夫妻双方生活方式、精神追求和价值观念的不一致造成的。

在《增广贤文》中有这样一句话："一年之计在于春，一日之计在于晨，一家之计在于和，一生之计在于勤。"这就是说，一年中最关键的时间是春天，一天中最关键的时间是在黎明；一个家庭最宝贵的东西是和睦，一个人要成功最重要的东西是勤奋。要想留住家庭中最宝贵的东西——和，我们既要在平时和睦相处，也要学会规划，为长久的和睦做好打算。

为什么家庭需要规划呢？从认知心理学的角度来说，任何行为的产生和改变，都是在一定的心理机制作用下实现的，人们的一些心理需求会对行为产生导向作用。正所谓"没有规矩不成方圆"，一个实际有效的规划，能够使人坚定清楚地明白自己的心理需求，并且能使人在实施规划的过程中，有方向做参考，不至于半途而废。

家庭规划是夫妻双方共同参与制订的，双方都认同的，这样可以减少由于原生家庭所带来的冲突。通过此规划，家庭生活有了一定的秩序，夫妻生活也会趋于一致，矛盾就会相应减少。

现在很多夫妻在准备要小孩前，都进行了详细规划，如规划调整身体的方案，以及怀孕的最佳时期。这样不仅可以使孩子受益，也能避免孕妇遭受太大的妊娠反应。另外，关于孩子的抚养费用问题，以及孩子出生以后需要怎么喂养、怎么教育，这些都是需要经过深思熟虑的。

所以，一个家庭正常有序的发展是离不开计划的，不论从夫妻关系维护的角度来说，还是从子女的生养、教育角度来说，规划都是必需的。那我们在进行规划的过程中，需要做到哪些呢？

第一，做到统筹兼顾。在规划的过程中，要根据家庭的实际状况以及家庭发展需求方面进行统筹，达到促进家庭关系和个人成长的需求。

第二，坚持以人为本。把家庭成员的需求满足、自我实现和生活质量提升到作为一切家庭计划的出发点和落脚点。

第三，坚持实事求是，综合考虑家庭、社会、工作的各项因素，在适度、合理资源的基础上，提高家庭计划的可行性和持续性。

幸福之计

家庭规划的目的是以家庭幸福建设为主题的，旨在满足个人需求和自我实现的基础上，营造幸福和谐的家庭氛围，增强家庭的凝聚力，提高家庭生活质量，创建出和谐、温馨、美好的幸福家庭。

做家庭规划时可以从以下几个方面进行：

1. 关爱型家庭

尊老爱幼、互爱互助，通过家庭活动、沟通关爱、科学育儿、共处陪伴等。密切关注自己以及配偶、子女、老人的生活状况，提升全体家庭成员的满足感、幸福感。

2. 健康型家庭

通过健康的生活方式和习惯，促进家庭成员的身体健康。例如，组织家庭体育锻炼以及各种户外运动等。

3. 理财型家庭

发挥家庭成员的聪明才智，化知识为力量，通过投资等手段，加快家庭财富的积累，提升家庭应对各类风险的能力。

4. 学习型家庭

加强学习，营造有利于学习、鼓励学习、习惯于学习、帮助学习交流的良好氛围。学习的内容可以是时政新闻、历史地理、人文科学、音乐美术等。

5. 社会型家庭

鼓励家庭成员参加各类社会活动，主动融入社会，创建灵活的社交网络，提高家庭成员的社会生活能力。

6. 休闲型家庭

丰富家庭的生活体验和生活感受，拓展生命的广度和深度。例如，家庭体育竞赛活动、家庭旅游等。

注意事项

家庭规划是需要一步步完善的，切忌生活规划的主题太多以至于规划混乱，不利于家庭的发展。

第二章
交往篇

人是群居动物，生活在一个社会群体中，免不了要与人交往。然而不同的文化背景，也让人形成了各异的性格，每个人言行举止都不一样，思想价值观也不同。

就房子破了漏雨这个事来说，如果是西方人，他会选择拆掉房子，然后重建；中国人就可能会去修补，因为这样省时省力；印度人就可能在房子里打坐，克制自己不要想房子漏雨这件事。不同文化背景下的人处事方式是不同的，西方人是受科学思想影响，中国人是受儒学思想熏陶，印度人则是受佛学思想感染。

中国人讲究关系，讲究人情，也是受儒家文化的影响。儒家文化讲究"仁爱"，特别强调人们在相互交往的过程中要有仁爱之心，友爱相处。虽然我们在平时的相处中也一直秉持着仁爱原则，但是仍然会存在很多问题，如有些人的微信中有上千个好友，能够交心的却没有几个；有些人刚开始与自己很熟络，但是在不知不觉中就慢慢疏远了；有些人上一秒还和恋人耳鬓厮磨，下一秒却突然生气了……

于是人们常常扪心自问：我应当如何与人交往？在交往的过程中有哪些技巧可以学习呢？我应该注意什么事项呢？ 在这个篇章中，我给大家贡献了六个交往良策：

第一计，要选择和我们脾气秉性、行为举止都合得来的人交往，即"志同道合"。

第二计，在交往中我们需要学会聆听的技巧，即"洗耳恭听"。

第三计，人际沟通是一门重要的艺术。我们要掌握说话的艺术，即"娓娓道来"。

第四计，助人使人快乐，我们在交往过程中要有爱的能力和品质，即"助人为乐"。

第五计，在助人为乐之后，我们还要学会欣赏、尊重对方，即"成人之美"。

第六计，我们要有一个过后即忘的本事。对于交往过程中的一些过错行为，要有一颗包容的心，即"既往不咎"。

志同道合：知己的标准

成语释义

志同道合，指的是人与人之间，志向、志趣相同，理想、信念契合。

本计策主要用于选定交往对象，一定要选择与自身兴趣相合，价值观相似的人。

成语故事

志同道合，出自《三国志·魏志·陈思王植传》："昔伊尹之为媵臣，至贱也，吕尚之处屠钓，至陋也，乃其见举于汤武、周文，诚道合志同，玄漠神通，岂复假近习之荐，因左右之介哉。"

三国时期，曹丕未即位之前，弟弟曹植是他最大的竞争对手。曹丕即位后，一直对曹植心存猜忌，多加压迫，欲除之而后快。曹丕寻找各种机会来达到这个目的，但是在母亲卞氏的干预下最终没有把曹植置于死地。曹植有才华但是一直没有机会得到施展，他上书说伊尹是陪嫁的小臣、吕尚当屠夫钓叟，但他们遇到了志同道合的商汤和周文王，因而能有幸辅佐他们成就大业。

心理分析

诗人韩愈曾在《杂说四·马说》中写道："世有伯乐，然后有千里马。千里马常有，而伯乐不常有。"这说的是人才的发掘。其实在人际交往当中，我们也会遇到这样的情况，世上人虽多，然知己难求。

知己是那些能懂得自己所想所思的人，这种关系比一般朋友更密切，更珍贵！用一个成语来概括，就是"志同道合"；用一个故事来说明，就是"伯牙与子期"。

话说春秋时期，楚国有个叫伯牙的人，他精通音律，琴艺高超，但总觉得自己还不能出神入化地表现对各种事物的感受。老师知道后，带他乘船到东海的蓬莱岛上，让他欣赏自然的景色，倾听大海的涛声。伯牙只见波浪汹涌，浪花激溅；海鸟翻飞，鸣声入耳；耳边仿佛响起了大自然和谐动听的音乐。他情不自禁地取琴弹奏，音随意转，把大自然的美妙融进了琴声，但是无人能听懂他的音乐，他感到十分孤独和寂寞。

有一夜，伯牙乘船游览。面对清风明月，他思绪万千，弹起琴来，琴声悠扬。忽然他感觉有人在听他的琴声，转眼便见一樵夫站在岸边，即请樵夫上船。伯牙弹起赞美高山的曲调，樵夫道："雄伟而庄重，好像高耸入云的泰山一样！"当他弹奏乐曲表现奔腾澎湃的波涛时，樵夫又说："宽广浩荡，好像看见滚滚的流水、无边的大海一般！"伯牙激动地说："知音！"这樵夫就是钟子期。后来子期早亡，伯牙悉知后，在钟子期的坟前抚完平生最后一支曲子，然后尽断琴弦，终不复鼓琴。

漫漫人生路上，遇见一个你了解他，他也了解你的人，实属不易。在平常交往中，我们见得最多的是两种人，一种人是他们可以与你共享快乐时光，但你一遇到难处，他们都会躲得远远的，你怎么联系也不见人影，这类人我们称之为"酒肉朋友"；还有一种人俗称"名利朋友"，正好与此相反，能够共患难，却不能共富贵，两人中一旦有人先富裕起来，就会出现"瞧不起对方"的现象，随着两人的思想和行为的冲突增多，就渐行渐远，最后分道扬镳。

其实不管是酒肉朋友也好，名利朋友也罢，我们最好少与之交往，或者是不交往。我们真正需要的朋友是那些在关键时刻能给我们雪中送炭，和我们有共同语言、共同前进方向的人，即志同道合之人。

志同道合之人是兴趣相投之人。朋友之间的相处，有了相同的兴趣，才能有共同的事情可做，要不然就是你玩你的，我做我的，那这样的相处还有什么意思。就像两个人一起去餐馆吃饭，一个人嗜辣如命，另一个人一点辣也不能吃，那这两个人可能就会在菜单的选择上闹得不可开交。

所以，兴趣相投是两个人交往的开端。有了共同的兴趣，人才有了相交的可能。

志同道合之人是价值观相似之人，这是两人长长久久相交的关键所在。价值观、人生观上的相似就是心理上的"门当户对"。《文中子·礼乐》中有这样一句交友原则："以利相交，利尽则散；以势相交，势去则倾；以权相交，权失则弃；以情相交，情逝人伤；唯以心相交，淡泊明志，友不失矣！"

从古至今流传下来的朋友事迹中，诸如管鲍之交，白居易与刘禹锡，唐太宗李世民与长孙无忌，等等，他们都是以交心为标准的。正如谭咏麟在《朋友》中唱的：

繁星流动　和你同路

从不相识　开始心接近

默默以真挚待人

人生如梦　朋友如雾

难得知心　几经风暴

为着我不退半步 正是你

……

是谁明白我

情同两手一起开心一起悲伤

彼此分担总不分我或你

你为了我 我为了你

共赴患难绝望里　紧握你手

价值观相似的人最易交心。他们在心理上匹配程度较高，在人生目的的追求上一致，在看待事情的思想上也一样。他们可以在你支持我，我帮助你的过程中携手共进。

其实朋友之间的相处，有时类似于夫妻相处。也许一开始因为感情的基础，能够互相包容；但久而久之，你看不惯我的大大咧咧，我看不惯你的斤斤计较，矛盾就爆发了。但是相比较而言，朋友的决裂会比夫妻的决裂更容易，它没有法律约束，没有人情绑架，没有后顾之忧。从这一点来说，要维护好一个真心朋友的确比维持夫妻关系更要小心谨慎。

所以，对待身边的志同道合之人，我们一定要惜之护之，一定要敬之爱之。

幸福之计

生活中，我们如何能够找到一个志同道合的朋友呢？

第一，和我们生活成长背景差不多的人，才可能成为我们的知心朋友。一个平时和你风马牛不相及的人，是绝对不可能理解你的。就像街头混混不能理解寒窗苦读的人的心情，富家子弟不会理解父母双双下岗的孩子的艰难。

第二，和我们看问题观点差不多的人，才可能成为我们的知心朋友。那种说两句话就产生分歧、要争论的人，肯定相处不好。

　　第三，愿意倾听我们说话的人，才可能成为我们的知心朋友。不要有自恋主义，开口闭口说的都是他自己的事情，没有一点容忍别人的余地，这样难以与其成为知心朋友。

　　第四，有情有义的人，才可能成为我们的知心朋友。这类人一般是心地善良，知道感恩的人。

注意事项

　　在与朋友相处的过程中，要真诚地对待对方。对方有困难了要挺身而出，不要老是打自己的小算盘，怕吃亏，能帮忙尽量帮忙。

洗耳恭听：人际交往离不开倾听

成语释义

　　洗耳恭听，本意是指洗干净耳朵恭恭敬敬听别人讲话。现在常用于请人讲话时的客气话。

　　本计策中所讲的"洗耳恭听"，不仅是指对他人的讲话表示尊重，在他人讲话时认真聆听，而且还要具有同理心，明白他所表达的态度和情感，并适当地给出正确反馈。

成语故事

　　洗耳恭听，出自元·郑廷玉《楚昭公》第四折："请大王试说一遍，容小官洗耳（席而）恭听。"

　　此词有一典故。帝尧曾经多次向许由请教，后来有意愿将帝位传给许由，让他管理天下。于是尧派人去许由居住的地方告诉许由。使者来到许由隐居的地方，见到许由后，告诉许由帝尧想把帝位传给他，希望他考虑一下。许由听到这个消息后拒绝了这个请求，并且连夜就跑到箕山，在那边隐居不再外出。尧认为许由这样做是因为谦虚，于是又派人去请许由，说："如果你坚持不接受帝位，希望你能出来当个'九州长'。"许由听后更讨厌，立马跑到山下的水边了。许由的朋友巢父在这个地方隐居，刚好牵着牛来水边喝水，看到许由后，问他发生了什么。许由就把事情都告诉了巢父，巢父听后，对他说："浮游于世，贪求圣名。"许由听到巢父这样说，很是羞愧，立即用池子中的清水来清洗耳朵，擦拭眼睛，表示愿意听从巢父的忠告。后人为了赞扬许由这种知错就改的良好美德，于是将这个池子取名为"洗耳池"，成语"洗耳恭听"的典故就是这样产生的。

许由简介

　　许由，字道开，号武仲，帝尧时期的一个平民。他是上古时代的一位高士。晋皇甫谧《帝王世纪》中记载，许由出生于阳城槐里，也就是今河南省登封市箕山。许由这个人不依附权势，不谋求世间的利禄，讲究道德和正义，遵守规则。史书记载："尧帝知其贤德，欲禅让君位于他，许由坚辞不就，洗耳颍水，隐居山林，卒葬箕山之巅，尧帝封其为'箕山公神，配食五岳，后世祀之'。"许由后半生就隐居在深山之中，一辈子不慕名利，死后被埋葬在箕山之巅。

心理分析

　　通过耳朵，人们会听到各样声音。如顾宪成的"风声雨声读书声，声声入耳"；张继的"夜半钟声到客船"；祖狄和黄琨的"闻鸡起舞"等。

　　生活中，为了表示对说话人的尊重，我们一般都会说"洗耳恭听"。那究竟什么样的状态才算是"洗耳恭听"呢？

　　其实"听"字就给了我们答案。"听"字，左为"口"，说明倾听者在听完之后，要将自己听到的内容表达出来，这是对讲述者的回应。右为"斤"，说明倾听者要与讲述者比对自己理解的内容，检查自己理解的对误。所以，真正的洗耳恭听之人，一定能将对方说的话以及话里所要表达的含义准确无误地反馈给对方。

在当代社会中，人们更渴望找到一个能听得懂自己说话的人。范冰冰主演的电影《我不是潘金莲》就是一个鲜活的例子。李雪莲连续上访十几年后，突然停止了，那些官员就很疑惑，问她："你怎么不上访了？"李雪莲回答说："我的牛不让我上访了。"

真的是牛不让李雪莲上访了吗？李雪莲真能听懂牛语吗？这里就要说一下人与动物的情感。许多动物都是通人性的，人类与它们建立亲密关系后，它们能体会到人类的心情。现在很多人把宠物当孩子一样养，并且会称呼它们为"儿子/女儿"，那份感情是没有养过宠物的人体会不到。此时的宠物已不单单是一个宠物，而是一个知情知意的人了，这就与"子非鱼，焉知鱼之乐"与"子非吾，焉知吾不知鱼之乐"的争论是同样的道理。

李雪莲的"牛不让我上访"，实际上是在讽刺那些官员。常言道"对牛弹琴"，如果连牛都知道我是清白的，你们还不明白，不是连牛都不如吗？

其实在心理咨询中，也比较重视倾听技巧。美国心理咨询学家吉布森说过："学会倾听是心理咨询的先决条件。"心理咨询条件下的倾听不同于一般社交谈话中的聆听，它要求心理咨询师认真听对方讲话，认同其内心体验，接受其思维方式，以求设身处地之功。

因此，它要求心理咨询员在听对方讲话的过程中，尽量克制自己插嘴讲话的欲望，不以个人的价值观念来评价当事人的主述（除非涉及法律等问题），并以积极关注来表现心理咨询员对当事人内心体验的认同。

虽然我们平时的倾听没有像咨询过程中的倾听那样严谨，但是其中的一些注意点还是通用的。如果朋友在向你倾诉时，你表现出三心二意的样子，对于朋友来说，他会觉得你不尊重他，不理解他。这可能就会是你们关系破裂的导火索。

幸福36计：成语典故中的心理学

当然也可能存在这样的现象，明明认真听了，但还是听不懂对方讲的是什么。这就涉及诉说者的表达能力了。有些人讲话，明明就是很小的一件事，他却讲得很夸张；有些人因为遭遇情感危机，往往会泣不成声，不能完整地说出他想说出的话；有些人说话含蓄，绕了很多弯子，也不知道他究竟想说什么。对这类言不由衷、词不达意的诉说者来说，我们怎么做才能达到最好的倾听效果呢？

从倾听的角度来说，听的内容包括听话、听音、听意。听他说的话是什么，讲的具体内容是什么；用的是什么样的语气的，愤怒？悲伤？愉快？平淡？从而体会他讲这番话的情感、态度。具体来说，第一，要听发生了什么事；第二，要听出他的态度；第三，要听出他的情感；第四，要听出他的弦外之音。这样逐级递进才是倾听的最终目的。

幸福之计

与人交往必定需要沟通交流，如何让双方的交流是互通的、有效果的，这就需要听者摆正态度，做到"洗耳恭听"，同时在交流的过程中注意倾听技巧：

第一，认真地听对方讲话，听清楚对方所讲的具体事情；例如在朋友向你倾述工作上的遭遇时，你要做的就是听清楚他讲述的事件发生发展的过程，以及最终的结果。

第二，注意对方在讲述内容时，所表达的自己的态度；（以下的内容解说都以上一个事件为例）例如他是否觉得自己在工作中受到了不公平的待遇，还是单纯分享一下工作中的见闻。

第三，体会对方在表达的过程中，所要表达的情感。例如在他的讲述过程中，他对这件事情所表达的是愤怒、开心、喜悦或者纠结。

第四，根据听音、听话的内容，琢磨对方讲述事情背后的用意，他是需要你进行安慰，还是需要你帮他分析并且帮他出主意的，或者他是与你分享喜悦心情的。

注意事项

　　第一，在沟通的过程中，要注意言语动作的交流。在对方讲述的过程中，要及时反馈对方，比如在对方讲到难过之处时，拍拍对方的肩膀，传递纸巾等；并且做到不停地关注对方的眼神，根据对方的情况，随后调整你们的说话状态。

　　第二，并不是所有的交流都需要做到如此专注的倾听，只限于在对方想与你交流某些事情或者探讨某种思想、价值的时候。当然这需要你自己去把握这个分寸。

娓娓道来：沟通的技巧

成语释义

娓娓道来，意思是连续不断地说、生动地谈论。形容谈论不倦或说话动听。

在本计策中，主要是指我们在与人交往的过程中，要做到说话有艺术，沟通有技巧。

成语故事

娓娓意为滔滔不绝，出自元代刘壎的《隐居通议·文章五·范去非墓志》："（包恢）平生为人作丰碑巨刻，每下笔辄汪洋放肆，根据义理，娓娓不穷。"另外，明代的高攀龙在《书医者顾仰蒲》也有写道："君为人好善疾恶。得人善，娓娓言之；得人不善，亦娓娓言之。"

娓娓在形容言谈动听时，出自清朝黄六鸿的《福惠全书·刑名·刁奸》："若言一入耳，娓娓可听，亦将有不能自禁者矣。"

心理分析

人际交往的过程中，最主要的一点就是沟通。通过沟通，可以促进彼此加深了解，促进亲密关系。而沟通的深度、沟通的频率在一定程度上决定着双方关系的亲疏程度。

在沟通中，我们需要特别注意自己的言语沟通和非言语沟通。言语沟通主要是指口头和文字方面的沟通，而非言语沟通是指除口头和文字之外的肢体语言、声音情绪等沟通。

非语言沟通通常被大家所忽视。有研究表明，在面对面的沟通过程中，言语沟通仅占7%，而非语言沟通占沟通的93%。由此可见非语言沟通在沟通中的重要性。

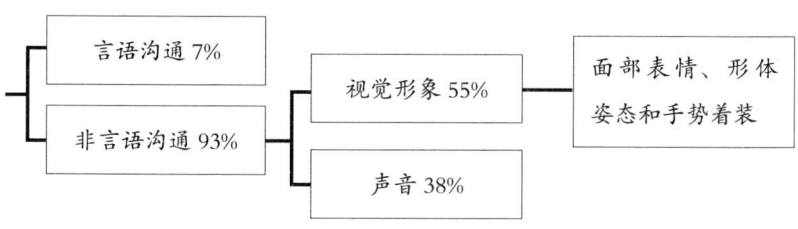

言语沟通和非言语沟通所占比例图

湖南卫视有一档综艺节目，所运用的就是非语言中声音的魅力，利用高低起伏的声调，充满感情的话语，为我们创造一种身临其境的感觉。这种运用声音给人塑造画面、场景的特质，与旧时人们听那些说书人讲故事的感受是相似的。

我们在与人沟通的时候，如果能够通过语气的轻重、声调的高低、肢体动作的辅助，来使自己讲述的内容更加生动传神，用一个词来形容就是"娓娓道来"。这是非常厉害的，但也是很不容易的。

1.需要做好充足的准备

在我们要发表演讲时，我们通常会为自己准备一份精彩的演讲稿，但平时的交流沟通却很少会提前做准备，而没有准备的沟通通常是漫长且无效的。

所以，要想让自己的交流高效有序，就需要对将要交流的内容和主题做好清晰的认识和准备，当然也包括自己情绪、心态方面的准备。

2. 要注意沟通的态度

面对不同的人群、不同的场合，我们的态度也是不同的。如在随意的场合时，我们的态度应当是亲切、温和、自然的；而在工作汇报时，我们的态度应当是相对严肃和正式的；面对同龄人时，我们的态度应当是轻松自在的，而面对长辈、领导时，我们则应当是稳重严谨的。

3. 需要丰富自己的见识

腹有诗书气自华，一个人良好的知识功底和自我修养是沟通水平的内在基础。缺乏丰富的内在知识，我们就少了与他人交流的话题，也缺少说理、叙事的能力。

就像我们听家庭主妇谈论的话题不外乎丈夫、孩子、家务之类的事情，而那些只是围着工作转悠的人，他们谈论的也是常常局限于工作中的纷争与烦恼。

因而，我们要想提高自己的沟通能力，就需要不断地进行学习，以此来丰富自己的见识，提高自己的能力。当我们对外界的信息了解得足够多时，就可以将自己所知的信息进行共享，甚至可以就某一个话题高谈阔论。这其中的乐趣是那些没有知识的人领略不到的。

4. 要美化我们的语言

正所谓"良言一语三冬暖，恶语伤人六月寒"，我们在平时的沟通中，要多注意沟通技巧，多使用积极语言。这里给大家讲一个故事：

一天晚上，国王梦见自己的牙齿都掉光了，于是他找来两位解梦人，问他们："为什么我会梦见自己的牙齿全部掉光？"第一个解梦人说："国王，梦的意思是，在您的亲人、朋友都去世之后，您才会死去，一个都不剩。"国王听后，立即命人将第一个解梦人拖出去，杖打一百棍。这时第二个解梦人说："至高无上的国王，梦的意思是您将是您所有亲人、朋友中最长寿的一位。"国王听后龙心大悦，奖赏了第二个解梦人一百个金币。

两个解梦人向国王传达的是同一个信息，但为什么结局会如此不同呢？这就是语言的美化问题。

在沟通的时候，我们需要将自己的话表达清楚，但并不是说我们可以不顾对方的感受。如果你的言谈中，涉及对方非常害怕的话题，如生老病死，你就不能简单直白地说出来。这时候，你就需要对你的语言进行"包装"，让它换一身能够被对方接受的"外衣"再呈现出来。

幸福之计

说话是一门艺术，沟通需要技巧。但这样的艺术和技巧并不是我们一朝一夕的练习就能够拥有的，我们需要注意以下几个方面：

1. 多多赞美别人，客气话要适可而止。另外，面对他人的赞美，一定要说声谢谢，这是一种基本的礼貌。

2. 不要随意批评对方，这会让人十分反感。有些事要看场合说话，在外人面前不要批评自己的亲朋好友。

3. 就事论事，不要针对个人。批评的话也要让对方能够接受，最好能够给出实用性的建议。

4. 不要总是谈自己的经历和感受，要学会倾听别人的想法。

5. 在谈话中保持微笑，同时也可以用微笑回绝别人的问题，给对方留点退路。避免谈论别人的忌讳点，伤害对方的自尊。

6. 很多人一起聊天时，要多多关注新人。由于对周围人不熟悉，新人难免会产生拘谨和不自在的感受，这时候我们要关注到新人的情绪状态。

注意事项

第一，与人沟通时要注意时间的掌控，避免耗费的时间太长，沟通没有效率。

第二，沟通的内容要有主题，切忌漫无目的。

助人为乐：助人行为不能断送

成语释义

本意是指帮助别人，也快乐了自己。

在本计策中，主要将助人为乐用于人际交往中。

成语故事

助人为乐是中华民族的传统美德。它出自我国著名的现代作家冰心的一篇文章《咱们的五个孩子》。文章中提道："在我们的新社会里，这种助人为乐的新风尚，可以说是天天在发生，处处在发生"。

冰心简介

冰心（1900 年 10 月 5 日 — 1999 年 2 月 28 日），原名谢婉莹，福建长乐人。冰心是笔名，取自"一片冰心在玉壶"。她是中国诗人，翻译家，现代作家，散文家，社会活动家。著有诗集《繁星·春水》《闲情》，还有《冰心著作集之一——冰心小说集》《冰心著作集之二——冰心散文集》《冰心著作集之三——冰心诗集》、短篇小说《超人》等作品。翻译了泰戈尔的《飞鸟集》《泰戈尔剧作集》等作品。她的作品文字清新隽永，笔调柔和细腻，语言清新明丽。

心理分析

助人为乐一直以来都是中国民族的传统美德，其实在人际交往中，我们也需要"助人为乐"这种积极的行为与品质。但人际交往中的助人，需要满足以下条件：

首先，你要有助人的能力或本事，同时这种本事别人也是知道的，这是助人的先决条件。

然后，别人确实需要你的帮助，这是助人过程的开端。

最后，你要及时地伸出援手，帮别人成功渡过难关。只有成功帮助别人，你才会有助人为乐的感觉。

另外，助人的方式和内容也特别多，诸如雪中送炭、扶危济困、拔刀相助、慷慨解囊、见义勇为、舍生取义、舍己救人等。虽然表面上看都是助人行为，其出发点却有大大的不同。

从动机出发，常见的助人行为有三类：一类是通过帮助他人来获得名声与地位；一类是为过去的错误买单，使自己的内心得到救赎；还有一类是以快乐为目的，其实这类人还可以细分为助人为乐、乐善不倦与乐善好施三类。当我们细细品味时，就会发现这三者当中存在着高低不同的思想境界。

1. 助人为乐之人，是在帮助别人时会感到快乐的人。这是助人的初级思想境界，助人行为也是断断续续的。

2. 乐善不倦之人，是把助人当成快乐的事情，并且不知疲倦，这就上升了一个思想境界。此时的助人是持续不断的，形成了一个良性的循环系统。

3. 乐善好施之人，是快乐于助人之事，并且将其上升为喜好，这是助人的最高境界。此时助人对个体来说，成了他的习惯，内心的得失并不强烈。

另外，通过马斯洛的需要动机理论（将动机由较低层次到较高层次分成生理需求、安全需求、感情需求、尊重需求和自我实现需求五类）可以看出，从助人为乐到乐善不倦，再上升到乐善好施的过程则是满足了不同层次的需要。

1. 助人为乐满足了个体最低层次的需要，也是最基本的需要——物质需要

此时的助人行为是个体获得快乐的"物质"来源。为了获得快乐的体验，促使个体去展开助人行为。就像小狗看见食物会吐舌头、摇尾巴一般。

2. 乐善不倦满足了个体稍高层次的需要——安全、感情和尊重的需要

此时的助人行为，是个体在有所获益的刺激下实施的。如为了避免不安全感，为了结交到更多的人，为了获得他人认可，个体才持续帮助他人。

由此，助人为乐和乐善不倦，都是个体为满足物质或情感需要去帮助别人，都是为了更好地生存和融入社会当中。

3. 乐善好施满足了个体最高层次的需要——自我实现的需要

此时的助人行为是个体为了实现自己的理想、抱负，最大程度地发挥自己的能力，进而形成自觉的行为。

在此，乐善好施是个体从内心认可的行为，助人如同他的"本能"一样存在，进而达到了身心合一的境界。

助人的过程是一个需要和被需要的过程。从个人需要转化为个体被需要，也是个体助人行为从被动转化为主动的过程。

将"助人为乐"作为交往的计策，强调的不仅仅是个体需要培养助人的品质，还需要个体拥有助人的执行力，形成助人的自觉自为意识。

同时在评价一个人是否心理健康的标准中，一个会帮助他人的人，意味着他是一个有爱的人；会关注他人，代表着他的内心世界是打开的。

然而，在助人为乐的时代乐章中，偶尔也会出现不和谐的音符，一些让人寒心的事件从未断绝。现在有些人也会助人，但是为了防止成为"受害者"，他们在助人前会做好防范措施。更糟糕的是，现在很多人为了避免受伤，不再对他人施以援手，甚至是避之不及。这不是与现今所提倡的和谐社会的目标相违背吗？

我们不再助人，是因为社会的熔炉锻造出了一些奸佞小人。他们打着弱者的旗号，却一次次地压榨着助人者的金钱与心血。于是我们开始慌了，我们不知道自己的好心会换来怎样的结局，于是为了避免节外生枝，我们干脆将善心"连根拔起"。只要不助人了，不是什么事都没有了吗？

虽说不再助人可以保自己不受牵连，但是这却断送了先祖们传承已久的仁善基因，而这种基因在助人行为中的作用是不容小觑的。

2015 年，美国纽约大学的研究人员研究了 1197 对基因几乎完全相同的同卵双胞胎和 684 对基因近似的异卵双胞胎，以了解在相同的成长环境中，基因对助人行为的影响。结果显示，一个人是否乐于帮助邻里，基因的影响达到 41%；是否愿意参与社区或公共服务志愿活动，基因的影响为 33%；是否愿意参加慈善活动，基因影响为 28%；是否愿意参加选举投票，基因影响为 27%。

因此，为了不断送我们的优良基因，让传统文化的精华得以传承下去，让和谐社会不单单只是存在于口号中，我们需要把助人为乐作为一种自觉，并且还要坚持从小事做起。

助人为乐，是正直善良的人怀着道德义务感，主动对他人给予无私的帮忙，并从中感到快乐愉悦的一种道德行为和道德情感。因此，助人不在事情大小，更不在得到多少回报，只要是好事，只要是对他人能提供帮助，就应该去做，就有责任去做。

俗话说"粒米成箩，滴水成河"，只要愿意做好事，坚持做好事，自己的道德修养就会得到加强与提高。

当然我们在助人的过程中，并不是无限制的。虽然我们的助人目的是帮助他人攻克难关，但这并不意味着我们要帮助他人做完所有的事情。"授人以鱼，不如授人以渔"，我们在帮助他人的时候也要把握好分寸。

幸福之计

古人云，"勿以恶小而为之，勿以善小而不为"。在生活、工作和学习中，我们应当将助人为乐当作自己的行为准则，从点滴小事做起。同时我们应当对自己的助人尺度有一定的原则。

在助人过程一开始时我们的思想境界并不高，但可以通过不断地助人来 提升自己的思想高度，达成自我完善。

注意事项

1. 要注意助人的方式、方法。例如对于一些自尊感特别强的人，直接的物质帮助并不是最好的，精神帮助反而会更有效。

2. 把握好助人的尺度，可以帮助他解决一时的困难，但不可能帮他克服所有的障碍。主要是教会他解决问题的方式，使其能自力更生。

3. 助人要做到量力而为，特别是对于那些超出自己能力范围之外的事情，不要盲目地夸下海口。

4. 助人的内容也应当是在法律允许范围之内。对于违法乱纪的行为，即使是对方跟我们关系再好，也要坚决拒绝。这是我们作为一名遵纪守法的公民处世的基本原则。

5. 助人的过程要有始有终，切忌半途而废。

6. 助人之后要做到既过即止，做到"既往不咎"。

成人之美：人际交往中难得的品质

成语释义

成人之美，成全别人的好事，也指帮助别人实现其美好的愿望。

在此计策中，旨在提倡人们有善良的言行，且在交往的过程中，学会用尊重和欣赏来看待对方，用谦卑来看待自己。

成语故事

成人之美出自《论语·颜渊》："子曰：'君子成人之美；不成人之恶。小人反是。'"君子通常会成全他人的好事，不破坏别人的事情，而小人则完全与之相反。

据说明朝有一个布衣诗人，名字叫谢榛。虽然他的一只眼睛瞎了，但是他非常善于写歌词，他所写的歌词在民间广为传唱。

在万历元年的冬天，谢榛来到了一个叫彰德的地方，孙穆王听说了便亲自接待谢榛。在两人饮酒聊天的闲暇时刻，孙穆王安排自己的宠姬贾氏在帘子后面弹唱，贾氏弹唱的正是谢榛所写的一首竹枝词。谢榛认真地听着弹唱曲目，发现是自己所写的歌词，心里很高兴。孙穆王看见谢榛听得非常入神，就叫贾氏出来拜见，贾氏长得很漂亮，谢榛都看入迷了。孙穆王接着叫贾氏把谢榛所写的歌词都唱一遍。谢榛听后十分开心，站起来说："夫人所唱的，不过是在下粗浅之作。我当重作几首好词，以备府上之需。"第二天，谢榛立马就把十四首新词送到府上，贾氏将这些词作一一谱曲弹唱，两个人配合得非常默契。

孙穆王见两人如此投机，便在次年元旦将贾氏以及一些丰厚的礼品送给了谢榛。世人称孙穆王成人之美，有君子风度，但这也反映了古时女子的地位卑贱，被当作礼品送来送去。

心理分析

前面一计提到"助人"，助人于危难之时，助人成其事，都可以称之为"助人"。从助人成其事方面来说，也可以称之为"成人之美"。俗话说，"锦上添花易，雪中送炭难"，对于成人之美也一样适用。

对待于他人有益，又不涉及个人利益，或者个人利益得失较少之事，大多数人都会有成人之美的心思。但是当成人之美与自身利益发生较大冲突时，能牺牲自己成全别人的人却寥寥无几。但并不代表没有，如在林徽因与梁思成、金岳霖的爱情中，就有一个舍己为人的"成人之美"故事。

20 世纪二三十年代，一代才女林徽因曾是无数青年的梦中情人。但这位集美貌与才情于一身的女子曾面临着一个两难的选择：是继续维持与梁思成的婚姻生活，还是选择对自己一往情深的金岳霖。这场情感纠结令林徽因辗转难眠。有一天她告诉梁思成："我苦恼极了，因为我同时爱上了两个人，不知道怎么办才好。"梁思成沉思良久后冷静地说："你是自由的。如果你选择了老金，我祝愿你们永远幸福。"后来她将这些话转述给金岳霖，金岳霖说："看来思成是真正爱你的，我不能伤害一个真正爱你的人，我退出。"从此金岳霖再不谈及爱情，而是成为林徽因相伴一生的知己好友。

　　金岳霖就是那个成人之美之人，他的成人之美更多是出于对林徽因的尊重和爱。著名的收藏家马未都先生也有一个成人之美的故事。

　　著名的收藏家马未都先生，曾经花费了很多精力和超出价值的金钱，只为买到一个康熙晚期的梅花瓶子。因为花瓶的主人不愿卖，他先是和主人家的邻居打好关系，让他注意老人家的身体情况，并且时不时地去看望和陪伴老人家。

　　本以为在老人家去世之后，马先生就能轻而易举地买下花瓶，结果在讨价还价期间，他了解到花瓶的主人在卖花瓶之前就已经做好了分配方案，这个分配方案的价值总和正好是 112 万，如果少了或多了，都没法分配，并会造成很多麻烦，所以他没能成交。

　　马未都始终不想与这件古董失之交臂，为了成全这家人，他最后以 112 万元的高价买下了这个当时不值 100 万元的花瓶。后来花瓶增值到 308 万元，马先生还是没有将花瓶卖掉，而是将其收藏在博物馆内，为了完成花瓶主人的遗愿——将花瓶收藏下去。

　　在此，马未都先生成人之美的做法，就如他曾经说过："古董买卖是价值的实现和承认，成交成功是由很多元素构成的，钱只是价值的体现，要想完成价值交换主要是靠环境和手段。首先，你要承认别人的价值，你不但要先给别人他想要的，还要满足别人的支配心理，并且你所需要的一定要是别人愿意支付的。如果你的付出别人不能支配和享用，那就只是你单方面的需求，就没有价值可实现。"

　　古语云："夫人之相知，贵识其天性，因而济之。"意思是说，人与人的交往，重要的是能够了解对方的内在本性和品质，由于了解了对方的内在本性从而信任并帮助他。金岳霖先生与马未都先生都是"识其天性"而"济之"的榜样。

当然"成人之美"不是强烈的牺牲、激烈的殉难，而更多的是日常人生的处世哲学与伦常德行。

圣王明君治世，使国泰民安；贤相良臣精忠报国，举荐贤能，不谋私利；实践和传播儒、释、道思想以济世的道德之士，与人广结善缘，使人提升道德；乃至给人劝善、鼓励的一句话，使人择善而从，都体现出古人对于成人之美的理解。

台湾作家林清玄写过一篇优美的散文《生命的化妆》，他借化妆师之口将化妆分为三类：三流的化妆是脸上的化妆，二流的化妆是精神的化妆，一流的化妆是生命的化妆。一流的化妆就是改变气质，让自己成为乐观、自尊、自爱、心怀至善、关爱别人的人。能够成人之美的人就是一流的化妆师。

幸福之计

成人之美是一种修养，也是一种高尚的品德，它需要有宽广的胸襟和与人为善的心态，要对人尊重，对己谦卑。要做到成人之美，需要我们做到以下几点：

1. 敢于担当

在不忘自己职责使命的同时，主动帮助他人，成全他人的美事。好比一名有担当的教师，他一定爱岗敬业，自愿把学生未来的发展和学生"成人"的重担压在肩上，成为学生未来成长的引路人。

2. 心怀感恩之心

有一位哲人说过："世界上最大的悲剧和不幸，就是一个人大言不惭地说没有人给我任何东西。"而一个懂得感恩的人，能感受到别人的善意，也会感恩于他人，做感恩之事。

3.胸怀恻隐之心

如孟子所说的"恻隐之心，仁之端也；羞耻之心，义之端也"，一个人具有恻隐之心，就会明白何为行善之举，明白什么是"有所为"，也知道什么是"不可为"。

4.心存敬畏的人

古人云："凡善怕者，必身有所正，言有所规，行有所止，遇有逾矩，亦不出大格。"敬畏，是人类应该有的行事态度。心怀敬畏之人除了对人彬彬有礼、恭恭敬敬之外，还会做事严肃认真，警惕自己。

成人之美，不应该只是流之于形式，应该是从点滴小事做起，用实践来表明。而我们在"成人之美"的时候，应该建立在尊重人、相信人的基础上，遵循着主体间人性的对话与交往伦理来进行。

1.己所不欲勿施于人

成人之美，重要的是知道、理解、尊重、开发对象本身的美好，而不是主体自以为是的好。

2."成人之美"是正向的、积极的

成人之美的"美"，应该是符合人道主义的事情，是有助于人的成长和发展的。

注意事项

对于那些弱小的、边缘的、潜在的、进行中的善良状态，成人之美一定要顺应人性的变化趋势，一定要合情合理。

既往不咎：心理层面的问题解决

成语释义

既往不咎，原指已经做完或做过的事，就不必再责怪了。现指对以往的过错不再责备。

本计策所要表述的是，对于矛盾的解决态度，是需要交往双方共同解决的，这不仅包括物质层面的问题解决，也包括心理层面的问题解决。

成语故事

既往不咎，出自《论语·八佾》："成事不说，遂事不谏，既往不咎。"

在春秋时期，鲁哀公非常重视祭祀土地神这件事情。在国家遇见外敌入侵，鲁哀公带兵去打仗的时候，都会把土地神的牌位带在身边。他对土地神非常虔诚恭敬，认为土地神对国家大事具有重大的支配作用。在准备祭祀土地神的过程中，鲁哀公想到既然要祭祀土地神，那就要弄一个木制的牌位。牌位要用什么样的木材呢？这个问题难倒了鲁哀公。

有一天，鲁哀公派人找到孔子的学生宰我，问宰我："祭祀土地神的牌位要用什么样的木材呢？"宰我没有思考，立马就回答："夏代用松木，殷代用柏木，周代用板栗木。"

后来孔子听说了这件事情，他认为宰我的回答毫无根据，非常不恰当，对他进行了严厉的批评。孔子谆谆告诫宰我："已经做了的事，不用再解释了；已经做完的事，也不要再劝谏了；已经过去的事，也不要再责怪了。以后你一定要言行慎重，不能不懂装懂。不然，有些话一旦说出口就没有机会后悔了。"

孔子简介

　　孔子（公元前 551 年 9 月 28 日—公元前 479 年 4 月 11 日），名丘，字仲尼，中国古代著名的教育家、思想家与政治家。他出生于春秋时期的鲁国陬邑（今山东曲阜），祖籍是宋国粟邑（今河南夏邑）。他是儒家学派的创始人。孔子开创了私人讲学的学风，在他周游列国的时候有很多学生跟随，他带领那些弟子去其他国家宣传以礼治国的政治主张，晚年的时候修订六经，即《诗》《书》《礼》《乐》《易》《春秋》。孔子去世后，他的弟子以及再传弟子将孔子的言论以及孔子与弟子的对话记录下来，整理编成儒家经典《论语》。

　　孔子在世的时候被誉为"天纵之圣""天之木铎"，他是当时社会上的博学者之一，被后世统治者尊称为孔圣人、至圣、至圣先师、万世师表、大成至圣文宣王先师。孔子被列为"世界十大文化名人"之首。孔子的儒家思想对中国及世界都有深远的影响，全国各地都建有孔庙祭祀孔子。

心理分析

　　对于"记仇"之事，在历史的篇章中，有诸多言论，例如，"不是不报，时候未到"，明·凌蒙初《初刻拍案惊奇》卷二十二中有"留得青山在，不怕没柴烧"，《史记》中也有"君子报仇，十年不晚"，还有"人不犯我，我不犯人；人如犯我，我必犯人"这些都是描写记仇行为的。

　　不过我们也记恩。孟子的"爱人者，人恒爱之；敬人者，人恒敬之"；常言说的"滴水之恩，当涌泉相报"；唐代诗人孟郊的"谁言寸草心，报得三春晖"；南北朝时期庾信的"饮水者怀其源"；作家毕淑敏的"平等是人类智慧的产物，是维持大多数人安宁的策略。你明白了这件事，就会少很多愤怒，多很多感恩。你已经享受了很多人奋斗的成果，你的回报就是继续努力，而不是抱怨"等，这些都是报恩之言。

现在我们扪心自问，谁能十分肯定地说："我从来没有被人伤害过，也从来没有伤害过别人。"其实在我们的生活中，人人都受过伤害，人人都曾伤害过别人。不同的是，有的人只会记仇，有的人只会记恩，也有的人则是恩怨分明，还有一些人，他们心胸宽广，能容人之所不能，唐高祖李渊就在其中。

李靖曾任隋马邑郡（治所善阳，今山西朔县）郡丞。当时李靖的上司太原留守李渊（即唐高祖）将起兵反隋。李靖效忠朝廷，得知此事后，就"自锁上变"，欲到江都见隋炀帝，揭发李渊。他刚被送至长安，而天下已乱，去江都的道路阻绝不通，只能滞留下来。不久，李渊军队攻下关中，占领长安。当得知李靖告密的事后，李渊大怒，要杀李靖。临刑，李靖大呼："将军起兵除暴乱，不也是想争天下，立大业吗？为什么因私怨杀壮士！"李渊听了，很受感动，于是就赦免了李靖，并用他带兵。不久之后，李渊亲笔写下一封信给李靖，说："既往不咎，旧事吾久忘之矣。"后来李靖充分发挥了自己的军事才智，南征北战，屡建奇功，成为唐朝最著名的开国元勋，封卫国公并任正相。

此处的既往不咎，就是一种大肚能容的本事。那么什么是"既往不咎"呢？它指的是一个人不再追究与他人（有仇之人）之间过往的恩恩怨怨，有"一笑泯恩仇"的胸襟。通俗来讲就是"不再翻旧账"，能够放下对那人的仇恨之心，放下对那人的愧疚之心。

正如巴特勒所言："人类生活的世界并不完美，还不是美德和智慧完善的世界，这种人类世界的不完美性决定了摩擦、矛盾、冲突、伤害、愤怒、仇恨、报复等客观存在的事实。面对这些生命中不可避免之重、不可回避之痛，如何降低或减轻这些事件带来的伤痛，如何找寻到超越这些伤害的意义和心境，是选择宽恕还是选择怨恨和报复，却是每个人必须认真思考的人生课题。"

有一句话，"放下屠刀，立地成佛"，这里面所包含的意义就是"既往不咎"。能够舍去内心的怨恨，获得内心平静的人，都是具有大智慧的人。星云大师在《放下与提起》中提道："做人，要像一只皮箱，能够提得起，也要能够放得下。光是提起，太多的拖累，非常辛苦；光是放下，要用的时候，就会感到不便。所以，做人要当提起时提起，当放下时放下。"如此而言，这样的放下，不仅是对别人的一种原谅，也是对自己的放过。

当然不单单是我国文化强调既往不咎，强调宽容待人，1945 年生效的《联合国宪章》也强调了宽容的重要性，序言中说："力行容恕，彼此以善邻之道，和睦相处。"此后在联合国教科文组织的倡议下，联合国大会于 1993 年决定将 1995 年定为"国际宽容年"。也是从那年起，每年 11 月 16 日被定为"国际宽容日"。

所以，原谅自己，宽容待己，放下过去，才能快乐地面对生活，享受生活。

原谅朋友，把别人对你的好刻在石头上，时刻铭记，对你的坏刻在沙滩上，随着潮涨而忘却。

原谅社会，宽容它的不足，放下心中的执念，接受现实存在的诸多缺陷，但记得历史的车轮依然在向前滚动。

原谅你的敌人，不要轻易说恨，恨一个人和爱一个人一样都需要很大的精力，所以请把你的精力都用来爱你爱的人和爱你的人。

幸福之计

人生相逢是缘，相熟相知更是难得，古人长叹"知音难寻"，在现今社会中要找到一个懂得自己的人，也是需要"百里挑一"的。但人与人相处，发生矛盾是难免的，而矛盾得不到解决则会越积越深，这不仅会影响交往双方的情感交流，甚至会导致情感的破裂。这就需要在矛盾发生的过程中，及时解决矛盾，同时做到"既往不咎"，即事情解决了，就翻篇了，以后也不需要再提起。

真正做到"既往不咎"则需要做到两点：

第一，将矛盾本身解决，即对矛盾追根溯源，弄清楚矛盾中双方的对与错，然后找到解决的办法，避免将问题遗留。

第二，解决的结果是双方心理都达到平衡。即双方的内心深处对矛盾不再心存不满，达到放下的状态，能做到过了就不会再提起，即"人生如初见"的状态。

只有真正做到这两点，才能使友谊正常顺利地发展下去，而不是在心底遗留一颗"定时炸弹"，指不定在某天就爆炸。

注意事项

针对既往不咎的矛盾，不仅仅限于就近发生的事情，那些遗留长久的矛盾也是需要去处理和解决的。"既往不咎"并不意味着之后矛盾不再发生，而是指我们在面对矛盾时的态度，既要做到在外面将矛盾解决，也要做到从心里将矛盾拔除。

第三章

成长篇

成长，自古以来都是人们时常谈论的话题，而一个人的成长既包括生理的成长，也包括心理的成长。

　　人类的生理成长，更多体现在个人的外在形象变化上。如人类从一个只有用显微镜才能看见的细胞，经过无数次的分裂，逐渐分化出肢体，长出五官，最后形成人形，而后经过分娩脱离母体。从婴儿开始，经过幼儿、青少年、成人，而后一天天老去，直到最后离开人世。

　　在生理成长的过程中，往往伴随着心理成长。心理成长则是代表一个人的心理成熟。人们随着经历的增长，从懵懵懂懂的状态，慢慢地对各种事情、各种状况有了自己的认识和想法，从而心理成熟起来。就像一张白纸，刚开始在上面描上轮廓，而后慢慢涂抹上色彩，增添上各种点缀饰品，最后再用画框裱起来，成为一幅精美画作。

　　当下我们强调的成长，主要是心理成长。我们所追求的心理成长，其实就是心理成熟。所谓心理成熟，就是在对当下的事情与对未来的意识中，能够做出正确的平衡和选择的一种能力。比如说一个人到了适婚年龄，他的心理成熟是指理性地考虑并选择婚姻对象，并开始准备成家过独立的家庭生活；在行为上能够扮演适当的家庭角色。

　　所以从个人成长的角度讲，我们需要达到的心理成熟就是一个人真真正正的心理独立。他能独立表达自己的观点，不傲慢，也不卑躬屈膝；看到弱者知道同情，看到邪恶知道愤怒，但不盲从；他能看到自己的缺点，同样也能够认识自己的优点，即能够客观地评价自己；他在生活、工作中有自己的目标，但不会盲目自信，也不会随随便便放弃自己的追求；他明白人无完人，但不会放弃追求完美，因而一直往前赶，在学习中不断雕刻自己。

佛家有三个境界，第一个境界：看山是山，看水是水；第二个境界：看山不是山，看水不是水；第三个境界：看山还是山，看水还是水。这当中所蕴含的人生哲理就是人生追求的变化，从物质追求上升到精神追求。

在人生的成长中，我们所要做到的就是：不再限于表面的物质追求，更多的是追求精神充实与饱满。因而在成长篇中，我们所要学会的本领就是以下六个计策：

第一计，真实地认识自己，敢于面对自己的不足和缺陷，即"负荆请罪"。

第二计，要时刻保持警惕之心，居安思危，即"上屋抽梯"。

第三计，学会利用积极的心理暗示，调整自己的状态，即"望梅止渴"。

第四计，学会对自己提出更高层次的要求，激发自己的潜能，即"得寸进尺"。

第五计，学会自我反省，克服内心的软弱之处，即"关门捉贼"。

第六计，学会担当，勇于承担自己的责任，即"当仁不让"。

负荆请罪：知错能改，善莫大焉

成语释义

原指廉颇向蔺相如请罪，后被人用作表示真心诚意地向人道歉。

本计策用于表示在个人的成长过程中，不仅仅是对自己的过错敢于承担，并且能够采取积极的行为去解决自己的错误、过失。

成语故事

负荆请罪出自《史记·廉颇蔺相如列传》："廉颇闻之，肉袒负荆，因宾客至蔺相如门谢罪。"

蔺相如在"完璧归赵"与"渑池会盟"中立了功，赵王封蔺相如为上卿，位置在廉颇之上。廉颇对此很不服气，他对别人说："我廉颇攻无不克，战无不胜，立下许多大功。他蔺相如有什么能耐，就靠一张嘴，反而爬到我头上去了。我碰见他，得给他个下不了台！"这话传到蔺相如耳朵里，蔺相如就尽量回避与廉颇见面，以免发生冲突。

有一天，蔺相如坐车出门，发现廉颇骑着大马朝自己的方向奔来。他赶紧叫车夫把车掉头，往回赶。蔺相如手下的人看见就很不高兴。他们不明白，为什么蔺相如看见廉颇就像老鼠看见猫一样呢，为什么要怕廉颇呢？蔺相如对他们说："请诸位想一想，廉颇与秦王比谁更厉害？"他们说："那当然是秦王呀。"蔺相如说："秦王我都不怕，会怕廉将军吗？秦国之所以不敢侵略赵国，是因为武有廉颇，文有蔺相如。如果我们闹不和，秦国就会趁机来打击我们赵国。我对廉颇忍让是为了我们赵国啊。"

蔺相如的话传到廉颇的耳朵里，廉颇感到很羞愧，自己为了争一口气，不顾国家安危，真的很不应该。于是他脱下战袍，光着脊背，背上荆条到蔺相如府门前请罪。蔺相如看到廉颇来负荆请罪，立马出门迎接。在这之后，他们成了好朋友，共同保卫赵国。

廉颇简介

廉颇，山西太原人，嬴姓，廉氏，名颇。他是赵国的名将，与白起、王翦、李牧并称"战国四大名将"。他曾带领军队出兵征伐齐国，在与齐国的对战中夺取了晋阳，取得了战争的胜利。廉颇被赵文王封为上卿。廉颇在作战中勇猛、果敢，在诸侯国中享有盛名。在长平之战前期，他通过固守的方式，抵御住了秦国军队的攻击。在长平战争之后，廉颇带领军队大破燕师，并且击毙了燕师的主帅栗腹。公元前 251 年，他带领军队战胜了燕军，被任命为相国，封为信平君。

蔺相如简介

蔺相如，战国时期赵国的大臣，著名的外交家、政治家，今河北保定市曲阳县相如村人。根据《史记·廉颇蔺相如列传》记载，蔺相如生平最重要的事迹就是完璧归赵、渑池之会和负荆请罪。赵惠文王之时，秦国向赵国强索和氏璧，宦官头目缪贤向赵王推荐蔺相如。蔺相如奉命带着和氏璧去往秦国。在与秦王的交涉中，蔺相如当庭力争，最终完璧归赵。九年后，秦国派使臣到赵国，请赵王到渑池与秦王相见。蔺相如跟随赵王一起去往渑池。在筵席上，蔺相如使赵王没有受到屈辱，大长了赵国的志气，大灭了秦国的威风。蔺相如因为这两件事被赵王封为上卿。由于他的职位高于廉颇，廉颇很不高兴，扬言只要见到他就叫他下不来台。蔺相如知道后就尽量避免与廉颇见面。他以国为重，忍让谦逊，廉颇知道后羞愧不已，登门负荆请罪。

心理分析

犯错，藏族有一种说法："无结疤树寻不到，无过之人找不着。"即使是圣人，也不是没有犯下过错误，不同的是，不管所犯的错误是大是小，圣人都能够坦诚面对自己的过错。但很多人却是"掩耳盗铃"，以为自己不说出来，别人就不知道他犯了错，殊不知已是众人皆知。严重者如同蔡桓公一般"讳疾忌医"，最终导致病入膏肓，无药可救。

因而，圣人常云"人非圣贤，孰能无过？过而改之，善莫大焉"。遇到有过错之处，不可隐瞒不说，而应当及时改过，才是成长的上上之策。

"负荆请罪"是廉颇勇于面对自己过错的经典事迹。在这个故事中，我们细细琢磨一下廉颇认识到自己犯错时的态度。廉颇认错时用"负荆"的行动，足以体现他对承认自己过错的诚恳态度，他发自内心地认识到自己所犯下的错误；"请"字更加强调了他承认自己错误的主动态度以及积极行为，即及时进行补救措施。然而这些却是很多人都做不到的。

人人都有羞耻感，都能够认识到自己的过错，但如果让他去"请罪"，则会表现出不同的态度以及应对措施，分为以下三类进行描述：

1. 他们对错误行为是积极应对的，会从中获得经验，做好相应的防范措施，最终使自己犯错的机会越来越少。这样的人在自身的成长过程中是逐级而上的，最终达到圣人的境界。

2. 他们不敢面对自己的错误，甚至是害怕面对自己的错误。这当中有几种表现：

（1）他们承认自己的错误，但是羞于表达，支支吾吾之后，"避重就轻"地说出自己的问题。

（2）他们面对自己的错误采取因人而异的方式，倘若是对待自己的上司、尊敬的长者，他们认错比谁都快，甚至不是自己的错误，他们也会承认。但是一旦面对职位低于自己，或者是年龄低于自己的人，他们对于错误的态度则很不一样，他们不会主动承认自己的错误，甚至会推脱责任。

（3）他们在陌生人面前敢于承认错误，却不会在熟人面前认错。

（4）他们会为躲避某些惩罚或是避免某种损失，很快地承认自己的错误，但是内心却并不认可。

这类人在面对错误的时候，会改正其中一部分错误。因而，他们在个人成长的道路上走得会比较缓慢，在达到一定程度的时候可能会停止不前。

3. 他们将犯错看成是不可饶恕的过错，即使并没有造成很大的损失，内心也会一直处于愧疚当中。所以他们在为人处事时不能容忍自己犯错，三思而后行。虽然他们错的机会越来越少，但是他们却缺乏突破的勇气，一直在自己的圈子里故步自封。

以上所述的第二类和第三类人，他们对自己的错误没有发自内心的认同，或者说是根本就没有认识到错误对自己成长的意义。从健康的角度来说，他们都是不健康的，至少从心理层面上来说，是不健康的。

那么健康指的是什么呢？

世界卫生组织将健康定义为："健康乃是一种在身体上、精神上的完满状态，以及良好的适应力，而不仅仅是没有疾病和衰弱的状态。"

也就是说，一个人在躯体健康、心理健康、社会适应良好和道德健康四方面都健全，才是完全健康的人。

在世界卫生组织所制定的健康十项标准中，有一条是关于为人处世准则方面的，说的是"处事乐观，态度积极，乐于承担责任，事无巨细不挑剔，工作有效率"，其中所提及的"态度积极，乐于承担"所包含的意义不仅仅是承担应有的责任，还包括要敢于面对自己的错误行为，能以一种积极的心态面对自己的过失，能采取积极的行为方式去解决问题，将错误解决之后依然能够以积极的态度面对生活。

从健康的状态来说，健康的状态分为健康、亚健康和不健康三种状态。从心理的角度来说，也可以依据人们的认错态度，把人群分为三类：健康状态即之前所描述的第一种类型的人，亚健康状态即第二种类型的人，不健康状态即第三种人。

在这三类人群中，处于亚健康状态的人是最容易被人忽视的，但是这类人群往往都有潜在的生理或心理问题。虽然在医学中，各种仪器及检验结果为阴性，在心理方面也没有很大的不适应感。但即使亚健康的人在短时间内看不出有什么问题，但是从长期发展的角度来看，这种亚健康会致使他们在生理上的疾病越积越多，同时心理问题也会日益彰显，最终发展为不健康的状态。

就如同抑郁症患者的患病过程一样，从一开始不良的情绪问题，一步步缓慢发展为抑郁倾向，再慢慢演变为抑郁症。如果他在处于不良情绪或者是抑郁倾向时，能够积极地进行心理开解，或者寻求帮助，最终都不会恶化为抑郁症。

能够负荆请罪的人都是健康状态的人群，但这类人群毕竟是少数。那么亚健康状态的人群，应该怎么应对自己的过错，才能上升为健康状态呢？这就要从两方面着手：态度和行为。

从态度上来说，个体需要对过失行为有正确且深刻的认识，也需要对过失行为有认真改过的决心。要知道，面对错误行为，怨天尤人或者相互推脱，都是没有任何意义的。只有用积极的态度面对，才能解决问题。

从行为上来说，在意识到自己犯错时，要立即停止错误行为，及时改正以避免造成更大的损失或错误；在事情结束之后，我们要做的就是坦承错误，向他人道歉，为我们的错误行为进行补偿。另外，我们还应该从中吸取犯错经验，同时要做好预防措施，避免同样的事情再次发生。

只要我们从态度上真正意识到自己的错误，并能从行为上加以改正，做到知行合一，我们的行为就是良好地应对错误的行为。

幸福之计

对于错误的坦承，我们可以先有一个象征性的仪式，撕一页纸或扔一个废品，让一切有一个心理上的了解。在面对错误的过程中，我们要做到以下两点：

1. 在处理自己的过失行为时，一定要端正自己的态度。
2. 在面对自己的过失行为时，一定要使问题能够得到切实的处理。

注意事项

积极地面对错误，并不是让我们一直都处于愧疚的心态当中，而是让我们敢于面对自己的内心，采取积极的应对方式。

上屋抽梯：居安思危，潜心修炼

成语释义

"上屋抽梯"又称"过河拆桥"，意思是说送人家上了高楼却搬掉梯子，比喻诱人向前而断其后路，使其束手就缚。

在此计策中，主要是要人们居安思危，潜心修炼。

成语故事

上屋抽梯语出《三十六计》："假之以便，唆之使前，断其援应，陷之死地。遇毒，位不当也。"

此典故源自后汉末年，刘表对自己的长子刘琦非常偏爱，但是对自己的次子刘琮则不看重。刘琮的后母害怕刘琦会威胁到自己儿子的地位，十分嫉恨他。刘琦也清楚自己处在非常危险的境地，多次向诸葛亮请教，但是诸葛亮都婉言拒绝了，没有为他出主意。有一次，刘琦约诸葛亮到一座高楼上饮酒。两人刚坐下来饮酒，刘琦便暗中安排人把高楼的阶梯给拆走了。刘琦说："今日上不至天，下不至地，出君之口，入琦之耳，可以赐教矣。"诸葛亮没办法就给刘琦讲了一个故事，他以春秋时期晋献公的妃子想谋害太子申生、重耳的事例对刘琦进行指点，"申生在内而亡，重耳在外而安"。刘琦听完后就明白了，立马请父王将他派往江夏，离开晋国。

刘琦简介

刘琦，字不详，荆州牧刘表之长子、谏议大夫刘琮兄，兖州山阳郡高平县（今山东省济宁市鱼台县东北）人。刘表最初因为刘琦的相貌与他很相似，对他很是宠爱。但是后来刘表的次子刘琮娶了刘表的后妻蔡氏的侄女为妻，蔡氏更偏向于刘琮。刘表非常宠溺后妻蔡氏，蔡氏经常在刘表面前讲刘琦的坏话，刘表也相信蔡氏的话。刘琦慢慢地感觉到自己处于非常危险的环境中，特向诸葛亮请教，但是诸葛亮不想参与到这件事情中，所以就婉拒了。刘琦后来通过上屋抽梯的策略得到诸葛亮的指点，于是他自告奋勇请求担任江夏太守之职，一直在外。建安十四年（公元 209 年）刘备保举刘琦为荆州刺史，同年刘琦病逝。

心理分析

世人都说："人因为有梦想而伟大。"身处在竞争激烈的社会中，很多年轻人全然不知自己已经落后于他人，他们一边抱怨着生存压力大、生不逢时，一边却安于现状、不思进取。

男孩子们一边在宿舍里没日没夜地玩"王者荣耀"等手游，一边想象着十年后自己会成为下一个比尔·盖茨；女孩子既不勤奋学习又不努力工作，却梦想着嫁给一个高富帅。

即使他们在某一重要时刻，需要下定决心为梦想奋斗的时候，他们也会为自己找更多的理由退缩下来。就像你想自学一门新的技术时，你会说："今天累了，明天再说吧。"当你想拥有苗条的身材时，你会说："吃饱了才有力气减肥，我下顿一定会少吃点。"当室友催你起床去上早课时，你会迷迷糊糊地说："昨天晚上写作业写累了，再睡会。"当你上班经常迟到被领导"问候"的时候，你会说："路上总是塞车。"

我们在前进的道路上，总会遇到各种困难，却已习惯了逃避和拖延，那些理由和借口都成了我们后退的梯子。可为什么人们不能咬咬牙，切断退路，搬走梯子呢？

鲁迅先生说过："不在沉默中爆发，就在沉默中灭亡。""上屋抽梯"便是一种在"沉默"中爆发的计策。它是一种既可针对外部世界，也可针对个人的计策。个体在面对外部世界的人和事时，以利诱之，使其进入自己的布局之内，再断其归路，从而使他受制于己；而个体在面对自己的过程中，则是置之死地而后生。但在这两个过程中，需要有梯可下，抽置随己。

如何安放梯子，也是一个大学问。例如：对性贪之人，则以利诱之；对情骄之人，则以示我方之弱以惑之；对莽撞无谋之人，则设下埋伏以使其中计。总之，人们需要根据实际情况，巧妙地安放梯子。

在我们个人的成长过程中，不能让自己一直处于安逸的状态，需要给自己制造一些面对困境的机会。正如孟子所云"生于忧患，死于安乐"，太安逸的生活容易让人丧失斗志，当生活中充满挑战时，才能让人不丧失对自我的追求。

古往今来，许多人都是在安乐之中一步步堕落，最后一败涂地的。隋炀帝杨广沉迷于安乐，终日醉生梦死，最终致使隋朝灭亡；清朝后期的统治者沉浸在泱泱大国的美梦之中，致使外邦来犯，开启了屈辱的近代史。

当然也有人不论身处何时，都能不忘初衷，勤奋好学，最终成就了自己。如：大器晚成的绘画大师齐白石先生，即使在动荡不安的时代，也不忘初心，砚耕不辍，自食其力，最终成为一代名师，创造了独树一帜的画法——画虾一绝，为国内外所称赞。

现今我们国家正处于中华民族的伟大复兴时期，虽然不少家庭早已进入小康之家，过上了富足安乐的生活，但是仍然有一些人不思上进，沉迷于"今早有酒今朝醉"的状态中，他们没有自己的梦想，也没有人生的追求，最终让自己一步步埋入了历史的洪流之中。

在本计策中，"上屋抽梯"更多的是从个人角度来说的。人有的时候需要将自己逼到一种绝境，才能激发自己的潜能，使自己的能力得到提升，这就是我们将"上屋抽梯"作为个人成长第二计的用意。

在"上屋抽梯"的过程当中，我们可以从两方面来发展自己的潜能：

1. 改变个体的不良行为，使个体的能力得到提升

这是从心理咨询的角度来说的。咨询师可以运用"上屋抽梯"的办法对个体进行心理咨询，以达到咨询目标。其中最常见的就是通过"厌恶疗法"来改变来访者的不良行为。

所谓厌恶疗法，是指通过直接或间接想象将某种不愉快的刺激与个体的不良行为结合起来，使个体厌恶并放弃这种行为，最终达到改变个体的不良行为。

生活中，许多家长也会用这种方式来帮助孩子改掉不良习惯。例如，母亲在给孩子断奶的时候，往自己的乳头上擦上一些风油精、辣椒水等刺激物。

2. 挖掘个体的潜能，使潜能得到最大限度的发挥

这是从"最近发展区"的角度来说的。维果茨基的"最近发展区理论"认为，学生的发展有两种水平：一种是学生的现有水平，即独立活动时所能达到的解决问题的水平；另一种是学生可能的发展水平，即通过教学所获得的潜力。两者之间的差异就是最近发展区。

在教学过程中，教师们也会经常利用"最近发展区"理论来提高学生处理问题的能力，发展学生的潜能。例如，教师在学生遇到学习问题时，并不是一开始就给出解决问题的办法，而是先让学生经过自己的思考，让他们将自己能解决的部分先进行处理，再给他们提供帮助，从而使学生更加明白自己在解决问题时的思维局限，对问题的领悟也会更深刻。或者是先给学生部分提示，然后让学生通过自己的思考找到解决问题的办法。

"授人以鱼，不如授人以渔"，要让学生在思考中寻找到自己的解决方式，进一步开发学生的能力，而不是直接教会他操作的技巧。

生活中我们可以通过自己的计划安排，来锻炼提升自己的能力。从另一个角度来说，"技多不压身"，多学习一门技能，总归是好事，它不仅可以成为我们的爱好，也可以成为我们事业中的助力，为自己争取更多的机会。

幸福之计

在生活中给自己制订一个计划，可以是自己的爱好，如绘画、阅读、旅游、健身等休闲活动，也可以是与自己的工作相关的，或者是自己一直想要学习的一项技术，例如会计证、计算机技术、外语学习等。

根据自己选定的计划项目，制订一个切实可行的方案，按照方案来逐步实施。

注意事项

第一，在执行计划的过程中，需要持之以恒。

第二，做到合理安排自己的时间，保证自己定时定量地完成自己的计划。

望梅止渴：积极暗示，调整心态

成语释义

　　望梅止渴，原指梅子味酸，人想吃梅子就会流口水，因而止渴。后比喻愿望无法实现，用空想安慰自己。

　　在本计策中，是指在个人成长的过程中，要善于运用积极的心理暗示来调整自己的心态。

成语故事

　　望梅止渴，出自南朝宋·刘义庆《世说新语·假谲》："魏武行役，失汲道，军皆渴，乃令曰：'前有大梅林，饶子，甘酸可以解渴。'士卒闻之，口皆出水，乘此得及前源。"

　　东汉末年，曹操带领军队去攻打宛城（今河南南阳），讨伐张绣。部队行军的过程中走得非常辛苦。当时正值盛夏，天气炎热，大地都快被烤焦了。曹操的军队已经走了很多天，都非常疲惫。行走的途中都是荒郊野岭，四周没有水源，将士们想了很多办法，都找不到水喝。将士们都感觉非常渴和累，每走几公里就会有人中暑倒下，就连那些身体强壮的士兵也慢慢支撑不下去了。

　　曹操看到这样的情况心里非常焦急，他策马跑到旁边的一个山岗，往四周远看有没有水源，但是什么都没有发现。曹操心想："这下糟糕了，找不到水，这样耗下去，不仅延误战机，而且还会有不少的人马损失在这里，要想一个什么办法鼓舞士气，带领士兵走出干旱地带啊！"

曹操想了又想，突然灵机一动，脑子里蹦出一个主意。他在山岗上，抽出令旗指向前方，大声喊道："前面不远处就有一片梅林，结满了又大又酸又甜的梅子。大家坚持一下，走到那里就可以吃到梅子解渴了。"士兵们听到曹操的话后，想象着吃到梅子的酸味，就像真的吃到了梅子，都流出口水来了。大家精神振奋起来，继续向着前方赶路。就这样，曹操带领着军队走出了旱地，到达了有水源的地方。

曹操简介

曹操（155 年—220 年正月庚子），汉族，沛国谯人（现安徽亳州市），字孟德，小字阿瞒，东汉末年著名政治家、军事家、文学家、诗人。曹操是曹魏政权的缔造者。在世的时候，担任东汉丞相，后为魏王，去世后谥号为武王。其子曹丕称帝后，追尊其为魏武帝，庙号太祖。

在政治方面，曹操对内消灭了二袁、刘表、吕布等割据势力，对外降服了南匈奴、乌桓、鲜卑等。他统一了中国北方的大部分区域，并且制定了一系列政策恢复经济生产与社会秩序。在文学方面，曹操博览群书，善诗歌，擅长书法，形成了以三曹为代表的建安文学，史称建安风骨。

心理分析

生出在不同的时代，人们会面临不同的压力，例如身处战争时期，人们需要躲避战乱，面对着保全自己与家人的压力；身处和平时期，又需要面对来自社会、生活、工作等各方面的压力，从而导致人们在生活当中出现各种情绪问题。

中国青年报社社会调查中心联合问卷网对 2014 名受访者进行了调查，结果显示，87.2% 的受访者有过情绪失控的经历，78.2% 的受访者坦言情绪失控给自己带来较大的负面影响。

在生活中，人们会因为各种各样的事情使情绪变得起伏不定，例如：乐极生悲，哭中带笑等。情绪的变化会导致生理、心理方面的变化，而生理、心理上的变化反过来也会作用于情绪。

按照情绪对人状态的影响结果，可以将情绪分为积极情绪和消极情绪。积极情绪可以促进人的行为，而消极情绪则会导致人的行为退化，严重时会导致身体疾病的发生。

美国心理学家曾做过一项实验，他们把生气的人的血液中所含物质注射到小老鼠体内，发现小老鼠初期会呆滞、不思饮食，最后死去。人在生气时的生理反应十分剧烈，分泌物比任何情绪状态下都更复杂也更具毒性。有心理学家指出，人生气 10 分钟耗费的精力不亚于参加一次 3000 米赛跑。经常情绪失控会改变大脑对心脏的控制，影响心肌功能，引起突发心室纤维颤动，心律失常，甚至心搏停止。

近年来，随着积极心理学的兴起，积极情绪也越来越受心理学家和研究者们的关注，人们对自己的情绪管理也越来越重视。

中国青年报社社会调查中心联合问卷网对 2014 名受访者进行的调查结果显示：92.4% 的受访者认为提高"情绪管理能力"很重要；88.5% 的受访者认为有必要培养自己的情绪知觉意识；61.3% 的受访者认为做好情绪管理的关键在于树立自信；49.5% 的受访者建议人们有情绪时慢

张口，克制冲动。

情绪对人的心理状态有着重要意义。通过情绪，个体可以感知到自己的心理状态，而心理状态也反映着情绪状态，因而我们需要对不良情绪进行有效的管理。在本计策中，应用"望梅止渴"一词，旨在通过积极的心理暗示来调节个体的不良情绪。

心理暗示主要是通过向自己重复一些积极的话语，以代替头脑中已有的消极想法，从而改变我们不良的生活态度及自我期望。

心理暗示有其明显的特征：第一，暗示是无意识的，它不由暗示对象主观控制，是在不知不觉中进行的；第二，暗示是不明显的，它的作用过程不易使人察觉到，方式方法都是比较隐秘的；第三，暗示是无对抗的，它的整个过程都是在一种和谐的氛围中进行的，暗示者和暗示对象双方都是完全自愿的。

在个人自我成长的过程中，更多的是需要积极的自我暗示。当个体发觉自己处于消极的情绪中时，可通过五种感官元素（视觉、听觉、嗅觉、味觉、触觉）给予自己心理暗示或刺激，以便使自己的情绪处于积极状态。

对于心理暗示，可以从内部认知和外部环境两方面着手：

1. 内部认知

认知一个人对客观世界的信息的加工过程，包括感觉、知觉、记忆、想象、言语等。美国心理学家埃利斯认为，人的消极情绪和行为障碍结果不是由于某一激发事件直接引起的，而是由于个体对它不正确的认知和评价造成的。

因而从内部认知的角度来说，个体需要改变自身对于事情的消极认知，当自己的认知存在不合理信念时，要及时使用心理暗示等语言，以便消除不合理信念的影响。

2. 外部环境

我们都知道外部环境的好坏对于人的情绪都会产生影响。正如"近朱者赤，近墨者黑"形容的那样，素雅整洁的房间，光线明亮、色彩柔和的环境，使人产生恬静、舒畅的心情；相反，阴暗、狭窄、肮脏的环境，给人带来憋气和不快的情绪；拥挤、繁乱、嘈杂的环境会使人紧张心烦；阴森、陌生、孤寂的环境会使人惊恐不安；优美的田园风光、湖光山色则令人神采飞扬。

因而在实际生活中，我们可以通过环境的改变或转换及时调整自己的消极情绪。例如：调整或改变家庭的装修设计、外出旅游或者散步等。

所以，对于情绪的管理，更多地应该从内部认知开始，同时加上环境改善的辅助作用，即可达到良好的调控效果。

幸福之计

在日常生活中，积极地使用心理暗示需要做到以下几点：

1. **主观**：每句以"我"开始。如"我是一个有潜力的人"。

2. **积极**：使用肯定的、正面的句子，不要用否定词语"不，没有"等。如在考试前对自己说"我很放松"，而不是"我千万不要紧张"，否则印刻在脑海里的将是"紧张"这个消极意念，结果往往事与愿违。

3. **现在**：尽量用现在时而非将来时。如用"我的意志力正在逐步得到提高"来代替"我的意志力将会提高"。

4. **简洁**：要用简短、精炼、有力量的句子，不要冗长烦琐。

5. **坚持**：每天花一定的时间来对自己进行积极的、富有感情的自我暗示，默念、大声说甚至唱出来都行。

注意事项

在自我暗示的过程中需要避免以下几点：

1. 绝对化要求

人们常常以自己的意愿为出发点，认为某事物必定发生或不发生，它常常表现为将"希望""想要"等绝对化为"必须""应该"或"一定要"等。例如，"我必须成功""别人必须对我好"，等等。

2. 过分概括的评价

人们常常把"有时""某些"过分概括为"总是""所有"。它具体体现于人们对自己或他人的不合理评价上，典型特征是以某一件或某几件事来评价自身或他人的整体价值。

3. 糟糕至极的结果

有些人认为如果一件不好的事情发生，那将是非常可怕和糟糕的。例如，"我没考上大学，一切都完了""我没当上处长，不会有前途了"。

得寸进尺：提高要求，充实自我

成语释义

得寸进尺，意思是得了一寸还想再进一尺。指贪心不满足，有了小的，又要大的。比喻一个人贪得无厌，欲望无法满足。

在本计策中，贬义词褒用，是指在个人成长的过程中，需要不断地对自己提出更高的要求，不断地充实自我。

成语故事

出自《战国策·秦策三》："王不如远交而近攻，得寸则王之寸，得尺亦王之尺也。"

战国末期，七雄争霸，秦国经过商鞅变法，各方面发展很快，实力逐步提高，意图统一天下。昭王三十六年，秦昭王准备让穰侯带领军队，越过魏国、韩国两个国家去讨伐齐国。

当时秦国的策士范雎认为此方法并不可行，极力阻止秦军讨伐齐国，并向秦昭王献上"远交近攻"的策略。他说："齐国距离我国遥远，势力算是强大，如果我们攻打齐国，军队要经过魏国与韩国，这就不符合军法了。如果我们出兵过少则难以取胜，出兵过多又伤国力。即使我们打胜了，也要越过魏国与韩国才能到达，距离如此遥远，恐怕很难守住，不如采取'远交近攻'的策略，慢慢地向外拓展，这样所得的每一寸每一尺土地，都将稳稳当当地为秦国所拥有，这样就能逐渐统一天下了。"秦昭王听了范雎的建议后非常认同，采用了他的策略，逐渐向周围地区拓展，领土不断扩大，为秦国统一奠定了基础。

范雎简介

范雎，战国时期著名的军事家、政治家，字叔，魏国人，是秦国宰相，因为封地在应城，所以又被称为"应侯"。范雎原本是魏国中大夫须贾的门客，因为被怀疑把魏国的秘密出卖给齐国，魏国的宰相魏齐下令笞责范雎，差点把他打死，后来范雎在看守的帮助下得以逃脱。魏国人郑安平听说了这件事情，带着范雎一起逃跑，范雎改名为张禄。

半年后，秦昭王派使臣王稽访问魏国。郑安平设法让范雎与秦国使臣王稽会面。张稽发现范雎是个贤才，就想着带范雎回秦国，于是范雎潜随王稽到了秦国。范雎见到秦昭王后，提出"远交近攻"的策略，此后，范雎还提醒秦昭王，秦国王权比较弱，需要加强王权。秦昭王在前 266 年废除太后，并且将国内的四大贵族赶出函谷关外，封范雎为相。

在长平之战中，范雎举荐郑安平出任秦国大将，王稽出任河东守。在长平之战后，范雎借用反间计使赵国采用了毫无实战经验的赵括为将，使得秦军大破赵军。在后来的战争中，郑安平投降赵国，王稽犯了通敌之罪被杀。范雎因此也失去了秦昭王的信任。他向秦昭王推荐蔡泽代替自己的位置，辞归封地，不久病死。

心理分析

美国社会心理学家弗里得曼曾经做过一个有趣的实验：他让助手去

访问一些家庭主妇，请求被访问者答应将一个小招牌挂在窗户上，大部分人都同意了。过了半个月，实验者再次登门，要求将一个大招牌放在庭院内，这个牌子不仅大，而且很不美观。同时，实验者也向以前不同意放小招牌的家庭主妇提出同样的要求。结果前者有 55% 的人同意，而后者只有不到 17% 的人同意，前者比后者高 3 倍。

后来人们把这种心理现象叫作"得寸进尺效应"，又叫"登门槛效应"，是指一个人如果接受了别人的一个小要求，那么别人在此基础上再提一个更高点的要求，这个人也会倾向于接受。

所以，在生活与工作中，要让他人接受一个很大的甚至是很难的要求时，最好先让他接受一个小要求，一旦他接受了这个小要求，他就比较容易接受更高的要求了。

心理学认为，人的每个意志行动都有动机存在。人的动机是复杂的，常常面临着不同目标的比较、权衡和选择，但是人们总愿意把自己调整成前后一贯、首尾一致的形象，即使别人的要求有些过分，但为了维护印象的一贯性，人们也会继续下去。

任何事物都具有两面性，"得寸进尺"也是一样的。一直以来，在中国的文化中，人们将"得寸进尺"作为一个贬义词来使用，用以斥责那些贪得无厌的人，表示做人做事要适可而止。然而"得寸进尺"也是有着积极意义的。

从个人的角度来说，在成长过程中，我们需要"得寸进尺"，我们需要在生活中不断提高对自己的要求，不断激发自己的潜能，不断促进自己去学习、去拼搏。

人生是一个不断变化发展的过程，不同的阶段有不同的目标。中国有句俗语"三抬四翻六坐七滚八爬九扶立周会走"，这是婴儿从出生到一岁的过程中肢体活动的发展，而人的心理成长也有特定的阶段。埃里克森将人的一生划分为八个阶段，每个阶段都需要完成特定的人格发展主题：

婴儿期（出生至十八个月左右），获得基本信任感而克服基本不信任感；

童年期（十八个月至三四岁），获得自主感而克服怀疑感与羞耻感；

学前期（四至五岁），获得主动感而克服内疚感；

学龄初期（六岁至十一二岁），获得勤奋感避免自卑感；

青春期（十一二岁至十七八岁），获得同一感而克服角色混乱；

成年早期（十七八岁至二十五岁），获得亲密感而克服孤独感；

成年中期（二十五至六十五岁），获得繁衍而克服停滞；

成熟晚期（六十五岁以上），获得完善感而克服悲观失望。

由此可以看出，人的一生都需要不断地解决各种问题，以期最终达到自我完善的目标。若某个阶段的核心问题得不到解决，则会对人以后的发展产生不利的影响，例如：青春期是人克服角色混乱获得同一感的时期，倘若一个人在此阶段内没有获得同一感，则会使他在成年以后无法协调好自己所扮演的社会角色，或者是对于自己性别角色不认同，从而造成心理障碍。

所以在成长过程中，我们需要不断克服困难、克服心理困惑，不断对自己提出新要求、完善自己。要知道，每个人的潜力都是无限的，我们需要激发自己的小宇宙。

有关数据显示，人类大脑 90% 以上的部分都处于休眠状态。爱因斯坦是世界上公认的最聪明的人，那他的大脑开发了多少呢？科学家对其大脑进行解剖后发现，爱因斯坦的大脑也只激活了 1/3，另外 2/3 仍处于休眠状态。

也有专家认为，人类的潜在智商都有 2000，但现代人的智商一般处于 90 ~ 120 之间，若智商超过了 140 以上，这个人便可被称为天才。可就是天才也还不到 2000 智商的 1/10，这实在是让人唏嘘。

人本主义派别的心理学家也认为，人的潜能是无限的，但只有在某些情况下才会被激发。就如同曾经发生在俄国戏剧家斯坦尼斯拉夫斯基身上的故事。

有一次，斯坦尼斯拉夫斯基在排一场话剧时，女主角因故不能参加演出，出于无奈，他只好让他的大姐担任这个角色。可他大姐从未演过主角，自己也缺乏信心，所以排演时演得很糟，这使斯坦尼斯拉夫斯基非常不满。他很生气地说："这个戏是全戏的关键，如果女主角仍然演得这样差劲，整个戏就不能再往下排了！"这时全场寂然，内疚的大姐久久没有说话，突然她抬起头来坚定地说："排练！"一扫刚才的自卑、羞涩、拘谨，演得非常自信、真实。斯坦尼斯拉夫斯基高兴地说："从今天以后，我们有了一个新的大艺术家。"

因而，在成长过程中，我们需要做到的就是，不要给自己的能力设限，要不断提高对自身的要求，不断地超越自己。当然，在这个过程中，也需谨记是先"得寸"然后"进尺"，而不是"囫囵吞枣""不分轻重"地盲目行动。

就像教师面对一些学习障碍型的"问题学生"时，因为他们的学习基础往往要低于一般水平，老师需要遵循"小步子、低台阶、勤帮助、多照应"的原则。让这些学生在一步步学习的过程中，克服不爱学习的问题，最终转变成爱学习、会学习的能手。

在个人成长的过程中，要达成最终的目标，也需要将一生的总目标分解为每年的目标、每季度的目标、每月的目标、每周的目标，甚至是每天的、每小时的目标。这样我们才能在个人成长的过程中做到由浅入深，循序渐进，先"得寸"再"进尺"。

幸福之计

在自我成长过程中，对于某一目标的执行，我们需要做到以下几点：

首先，将目标划分为数个小目标，然后将小目标安排到每个时间段之内，即给自己的目标制订一个详细的计划。

其次，逐一完成自己的小目标，即先完成一个阶段的目标，再完成下一阶段的目标，逐级而上，最终完成所有的目标。

最后，在每个阶段完成后，使用一定的评估手段，查看自己的目标是否达成。在所有的阶段都完成后，进行综合评估，检验自己的最终目标是否达成。

注意事项

在设置目标的过程中，要注意将目标与自己的学习、工作、生活或者爱好结合起来。同时也要注意合理安排自己的时间，并且要做到坚持不懈。

在最后做总目标评估时，并不是将各个阶段的目标进行整合以检验目标达成效果，而是通过一种较为客观公正的方式进行的。例如：英语能力，可以通过参加能力测试、他评等方式进行检验。一些个人内在能力的检测，也可以通过他人的评价来进行评判。

关门捉贼：抓住心贼，逐一改正

成语释义

关门捉贼，是指对弱小的敌军要采取四面包围、聚而歼之的谋略。

在本计策中，是指修身的方式，要将自己内心深处的缺点、不足，逐一进行改正。

成语故事

关门捉贼，出自《三十六计》。

在战国后期，秦国攻打赵国，于长平（今山西高平北）受阻。长平的守将是赵国的大将廉颇，他见秦军的势力强大，知道不可直接对抗硬拼，于是命令军队固守长平，不与秦军直面作战。两军就这样持续了两个多月，秦军还是没有攻下长平。

秦昭王看到这种情况，便采取了范雎的建议，采用了离间计使赵王怀疑将军廉颇，赵王中了计，调回了廉颇，派赵括为赵国的将军来保卫长平并与秦军作战。赵括来到长平后，没有坚持廉颇坚守不战的策略，而是主动与秦军进行正面对抗。秦将白起一开始故意让赵括的军队取得几场战争的小胜利，赵括不免得意扬扬，主动地派人到秦营下战书，这样正好合了白起的意，他开始兵分几路，准备从四周对赵括的军队形成一个包围圈。

第二天，赵括亲自率领 40 万大军与秦军进行决战。赵括因前几次战争都赢了，便有点轻敌，只一心想着能打赢这场仗，却不知道这是一个诱敌之计。赵括带领军队一直追赶着被打败的秦军，一直追到秦军修筑防御的地方。秦军一直坚守不出来，赵军一连数日也攻克不下来，于是就退了兵。就在这时，赵括收到消息，说秦军已经攻占了赵军后营，截断了赵军的粮道，并已将赵军团团围住。连续 46 天，赵军粮草断绝，饥累交加。赵括只能拼命突围，但是秦将白起部署严密，赵括最后没有突围成功，中箭身亡。赵军大乱，40 万大军就这样全军覆没。

心理分析

在《王阳明全集·与杨仕德薛尚谦书》中有一句话"破山中贼易，破心中贼难"。用现代话来讲就是，捉拿造反的百姓容易，但是内心的混沌思想却很难琢磨透彻。

为什么会"心贼难捉"呢？心贼隐藏在人的潜意识中，不容易被发觉。正如民国大儒辜鸿铭在北京大学任教时，对学生们说过："我头上的辫子是有形的，你们心中的辫子却是无形的。"这里的"无形辫"也正是"心中贼"的恰当写照。

那么"心贼"指的是什么呢？在《西游记》第四十回"心元归正，六贼无踪"中，孙悟空一棒打死的六个小贼，其本意指的便是唐僧心中的"贪、嗔、痴、恨、爱、恶、欲"六种恶念。用通俗的话来说，即指人的七情六欲。

作为一个普通人，我们没有办法完全摈弃自己的欲望，因为欲望正是追求梦想的动力，当然这里的欲望不包括贪婪、报复等消极方面。我们需要做的是克服内心的各种软弱之处。

有许多名人正是勇于面对自己的缺陷，勇于克服那些不足，才创造了许许多多的奇迹。斯蒂芬·威廉·霍金是人类历史上最伟大的人物之一，被誉为"宇宙之王"。在他正处风华正茂、意气风发之时，却被告知患有肌肉萎缩性侧索硬化症，即运动神经细胞病，并且当时的医生都断言他活不过 23 岁，但霍金凭借自己超强的意志力，一直与病魔做斗争，2018 年 3 月 14 日霍金逝世，享年 76 岁。

在此期间，霍金先生积极克服对疾病的恐惧，仅仅依靠三根手指创立了"黑洞理论"，成为物理史上的重要理论；他写下《时间简史：从大爆炸到黑洞》，被翻译成四十余种文字，销售逾一千余万册，但因书中内容极其艰深，在西方被戏称为"读不来的畅销书"。他的脚步并不仅仅局限在物理界，他还参演了众多影视作品，诸如《星际迷航：下一代》《辛普森一家》《飞出个未来》等，这使他成为大众媒体眼中的宠儿。这样的自强不息，为他不平凡的一生创下众多的奇迹。

其实像霍金一样自强不息的人还有很多，如《假如给我三天光明》的盲人作者海伦·凯勒，创作出《命运交响曲》的音乐家贝多芬，等等。他们无一不是在克服自身生理缺陷的情况下，用乐观的人生态度，创作出了为人惊叹的作品。

对于这些人来说，他们所克服的不仅仅是生理上的缺陷与不足，他们还克服了内心由于生理缺陷所带来的恐惧，即生命的软弱之处。正如人本主义心理学的先驱阿德勒所说的那样："我们每个人都有不同程度的自卑感，因为我们都想让自己更优秀，让自己过更好的生活。"而这种自卑恰恰是阻碍我们在个人成长道路上的绊脚石。阿德勒在《自卑与超越》中写道："人的一生很短暂，生命很脆弱，我们还需要不断地克服困难，完善自己，绝不能放弃努力寻求生命的意义。"我们需要不断地去克服生命中的弱点，才能在人生道路上创造出属于自己的辉煌。

但我们如何才能发现自己的不足之处呢？倘若是信佛之人，他会告诉你说："静坐，然后冥想。"倘若是教育学家，他会告诉你："寻找自己的最近发展区。"倘若是学者，他会告诉你："多读书，读好书。"曾子则会说："吾日三省我身。"

不同的人有不同的寻找自己弱点的办法，但在不同的办法中，最重要的一点就是要学会反省自己，而且是深刻地反省自己，反省自己当下的所作所为，也反省自己的过往经历。

失败是成功之母，我们只有从过往的经验当中去寻找，才能发现自己的不足。另外，仁者见仁智者见智，每个人对自己的认识是不一样的，会随着时间、阅历的变化而发生改变，我们还需要时刻关注自我、反省自我。当然我们也可以让身边的亲戚朋友帮忙找出我们的弱点。这种弱点可以是你自己觉得有待提升的特质，也可以是性格中缺少的部分。这个过程可以称为"关门捉贼"的前提，称之为"找贼"。

在找到自己的不足之处，也就是完成了"找贼"后，接下来我们要做的就是"捉贼"了。但是要怎么"捉贼"呢？这就需要先"关门"了。只有把门关紧，才能避免"贼"往外跑。在我们克服内心之"贼"的时候，也需要把守好自己的心门，不能让"心贼"有可逃之处，这样才能消"心贼"，达成自我成长。

幸福之计

在克服自己心理缺陷的过程中，需要把握以下几点：

1. 找准自己的心理不足是属于哪种类型。

2. 为克服不足确定一个恰当的目标，并且制订提升的具体计划。假如你对自己制订的目标及计划不是很确定，可以向专业人员进行咨询，以确保这个计划是适合自己的，并且是确实有效的。

3. 执行计划，并且在执行的过程中严格按照计划落实。

4. 当计划执行完成以后，对执行情况进行评估。评估包括自我评价和他人评价，以便客观正确地对待计划实施的效果。

5. 对整个执行过程进行反省，总结经验。

注意事项

在实施计划的过程中，需要注意以下几点：

1. 计划中所要提升的方向，确实是自己强烈渴望得到提升的。

2. 计划的实施需要循序渐进。一旦发现计划进展得过于缓慢或者过快，甚至是和原有目标相违背的，就需要及时做出调整。

3. 如果在计划的实施中，造成了严重的心理问题，或者是超出了一个人的极限，就需要立即停止。

当仁不让：学会担当，不忘初衷

成语释义

当仁不让，原意是指以仁为任，无所谦让。后指遇到应该做的事就积极主动去做，不推让。

本计策中，指的是在成长过程中，要敢于承担责任，特别是在遇到难事时，要主动出击。

成语故事

当仁不让，出自《论语·卫灵公》："当仁，不让于师。"

子张问仁于孔子，孔子曰："能行五者于天下，为仁矣。"请问之。曰："恭、宽、信、敏、惠。恭则不侮，宽则得众，信则人任焉，敏则有功，惠则足以使人。"

孔子的学生子张问孔子："究竟何为'仁'？"孔子回答说："做到恭、宽、信、敏、惠五点即可。"子张又问："怎样做到恭、宽、信、敏、惠呢？"孔子回答说："没有放肆的心叫恭；心地不狭窄叫宽；没有欺诈的心叫信；没有怠情的心叫敏；没有苛刻的心叫惠。一个人如果没有仁德，就不能称之为人了。如果一个人承担了'仁'的事，就要勇往直前地去做，不可有半点谦让之心。即使老师在面前，也不必同他谦让。"

心理分析

仁，是儒家学派最高的行为准则，是孔子思想体系的核心。孔子把"仁"定义为"爱人"，并将其解释为："夫仁者，己欲立而立人，己欲达而达人。"另外孔子在回答子张的问"仁"时，回答道："能行五者于天下，为仁矣。""五者"为何呢？子曰："恭、宽、信、敏、惠。恭则不侮，宽则得众，信则人任焉，敏则有功，惠则足以使人。"

孔子认为，"仁"并不是被他人或者外界所强加赋予的，而是不论你身处什么环境，居于何种职位，都要无义务地去实行"仁"道。真正的仁义之士，能在自己能力所及的范围内，承担起于他人有益、于社会有益的重任。

纵观现代社会，伴随着科学技术的高速发展，人们的生活变得越来越便利，越来越丰富多彩，但是随之而来的社会问题也越来越多。如传销组织的盛行、假冒伪劣的猖獗、以己度人的蔓延。他们都是打着"仁义之师"的口号，做的却是伤害他人、破坏社会和谐的事情。

这种行为已经严重污染了"仁爱"这一美德，已经严重破坏了我们优良的人文文化。如今，我们需要对"仁"有一个新的解读。

古人常说，"修身、齐家、治国、平天下"，由此可以看出，修身就是"仁"的第一步，也是最重要的一步。就像有句话说的，"我们不能改变这个世界，但是我们能改变自己"。所以，我们对"仁"的解读更多的是从自身的角度出发。

"仁"包括我们应尽的义务，例如依法纳税、遵守交通规则等；"仁"也包括我们对道德伦理的遵循。道德伦理中的仁更多的是来源于内心，是一种完全发自情感的自觉要求，例如爱护环境、尊重他人等。

另外，我们在与人交往时，也要发挥"仁爱"精神。曾子曰："吾日三省吾身，为人谋而不忠乎？与朋友交而不信乎？传不习乎？"这个内省就涉及两个方面：修己和交友。对朋友要诚信，替人做事要尽心，这就是"仁爱"精神。

我们所要做的仁义之事主要包括三类：正义之事、分内之事以及对自己成长有益的事。

1. 正义之事

是对他人有益的事情，而这样的事情必定是符合一定社会道德规范的行为。只要符合正义的标准，事无大小，都需要我们去实施，切忌"勿以恶小而为之，勿以善小而不为。"但是需要注意的是，做正义之事，也需要量力而为。

2. 分内之事

是我们扮演的社会角色应尽的职责。作为中国公民，遵纪守法；为人子女，赡养父母；为人父母，爱护子女；等等，这些都是我们要做到的事情。具体来说，就是作为老师要教好自己的学生，作为学生就上好自己的课。只有我们将分内之事做好，才能做好其他的事情。

3. 对自己成长有益的事

即我们成长所需要的历练。常言道"退一步海阔天空"，但在生活中，能够让我们有所成长的事情，我们是绝不能退让的，但这并不意味着我们可以为了成长不顾一切。正确的做法应是把握时代精神，勇于改革创新，树立正确的"争"与"不争"观，勤奋工作，让自己的生命在不知不觉中变得丰盈。

总而言之，在成长路上，我们需要做的就是要理智而客观地认识这个世界，持之以恒地将"仁"作为自己本心的修养，同时例行仁义之事，做到勇于做、乐于做，于他人有益，于社会有益，也于自己有益的正义之事。如果能做到这些，就达到了做人的最高境界。

幸福之计

在"当仁不让"的过程中，我们需要做到：

1. 明确自己的职责所在，勇于承担自己应当尽到的责任，不为自己找借口。做好分内之事才是我们做正义之事的开始。

2. 不忘初衷。即使社会在变，人心在变，我们始终要坚守"仁爱"，采取积极的行动，使自己更加适合当前的角色和地位。

3. 在正义之事中，我们认定的就要坚定做下去，不要半途而废。

注意事项

事无大小之分，只要是正义的事情，我们都要"当仁不让"，切忌"勿以善小而不为，勿以恶小而为之"。

第四章
情绪篇

　　情绪，是对一系列主观认知经验的通称，是多种感觉、思想和行为综合产生的心理和生理状态。最普遍、通俗的情绪有喜、怒、哀、惊、恐、爱等。情绪无好坏之分，一般只划分为积极情绪、消极情绪两类。

　　积极情绪能为人们的神经系统增添新的力量，能充分发挥有机体的潜能，提高脑力和体力劳动的效率和耐久力。积极情绪往往因责任感、事业心、期望、奋斗目标、荣誉感等刺激而产生，主要包括快乐、满意、兴趣、自豪、感激、感恩和爱等。

　　与积极情绪相反，消极情绪对身体或心理有严重的破坏作用。消极情绪的产生是因人因时因事而异的，产生的原因主要有：对"应激源"产生的反应；在工作学习或生活中遭受了挫折；受到了他人的挖苦或讽刺；莫名其妙的情绪低落等。消极情绪包括：忧愁、悲伤、愤怒、紧张、焦虑、痛苦、恐惧、憎恨等。

　　积极情绪与消极情绪是相对而言的。面对生活的压力与历练，若积极情绪战胜了消极情绪即会促进人的进步，激发人性的优点使之为善；若消极情绪战胜了积极情绪即会阻碍人的进步，激发人性的缺点使之为恶。

　　因而在本篇中，更注重的是对积极情绪的培育和对消极情绪的控制。在此主要分为六个计策：

　　第一计，"感恩戴德"，引导我们要心怀感恩之心，建立看待事物的积极视角。

　　第二计，"釜底抽薪"，告诉我们要解决消极情绪，必须要追根溯源。

　　第三计，"以情制胜"，要多接受积极情绪的影响，减少消极情绪的感染。

第四计，"不能自已"，要多进行情绪疏导，不要过于压抑自己的情感表达。

第五计，"指桑骂槐"，告诉我们要智慧地宣泄情绪。

第六计，"慈悲为怀"，告诉我们要有积极情绪，同时消极情绪也不能消灭。

感恩戴德：要有感恩之心

成语释义

感：感激。戴：尊奉，推崇。感恩戴德，意思是感激别人给予的恩惠和好处。

本计策旨在告诉我们，情绪管理要心怀感恩之情，用积极的情绪看待周围的人、事、物。

成语故事

感恩戴德来源于《三国志·吴志·骆统传》的第五十七卷。骆统经常谏言于其主公孙权，让孙权用尊重的态度对待贤良之士，勤勉探究时弊；当飨宴赏赐时，可以让大家分别进见，对他们嘘寒问暖，给予他们亲密的情谊并留心他们的志向和趣味，使他们说出心里话，从而对主公怀有报答之心。孙权接受了骆统的建议。

骆统简介

骆统（193 年 –228 年），字公绪，会稽乌伤（今浙江义乌）人。在三国时期成为吴国的将领，官至偏将军、新阳亭侯、濡须督。在建安十七年，孙权曾以讨虏将军身份兼任会稽太守，骆统时年 20 岁，被试用为乌程国相，乌程百姓超过万户，孙权嘉奖其为功曹并代行骑都尉，还将堂兄孙辅的女儿嫁给他为妻。黄武二年，骆统随陆逊在宜都击败刘备，因其军功而升至偏将军。同年，骆统与严圭共同击退曹仁的大军而被封为新阳亭侯。黄武七年骆统去世，年仅 36 岁。

心理分析

　　遇到不顺心的事情时，抱怨是人们发泄不满情绪的常见方式。但是有些人却把抱怨当成了一种生活习惯。他们一天到晚这也看不惯，那也看不惯，怨气冲天，牢骚满腹。总觉得别人欠他们的，社会欠他们的，他们很难发现别人对他们的付出，在他们眼中，所有发生在自己身上的事情都是麻烦的。他们就像生活在泥土里的蚯蚓，即使有一天从土里钻出来了，也感受不到阳光的明媚。

　　整天抱怨的人是不幸的，但他们的不幸是由自己的消极思维造成的。有一句话这样说："佛心看人，人人是佛；鬼心看人，人人皆鬼。"经常抱怨的人本身就是一个消极的人，因而他们看待周围的世界也是灰暗无光的。

　　说到这里，我想起了一个有趣的故事，说的是苏东坡与他的好朋友佛印高僧。

　　有一次苏东坡拜访佛印，两个人正谈得兴起，苏东坡突然披上佛印的袈裟问："你看我像什么？"佛印答："像佛。"然后问苏东坡："你看老衲像什么？"苏东坡正得意忘形，便哈哈大笑着说："我看你像一摊牛粪！"佛印笑了笑不再言语。事后，苏东坡在得意之余，将此事告诉了苏小妹。不料苏小妹却兜头给他泼了一瓢冷水："这下你可输惨了。"苏东坡不解，问："此话怎讲？"苏小妹答："心中有何事物就看到何事物，佛印心中有佛，所以看你就是佛；而你心中有污秽之物，你看到的自然就是牛粪。"

　　心中有什么，就会看见什么。生活中，有人会经常抱怨身边总是有小人在作祟，会抱怨自己总是遇不到好人。这其实就是他们的"小人心理"在作祟。古人常说的"君子坦荡荡，小人长戚戚"便是如此了。

　　如果我们想成为君子，就需要转化视角，以一种积极的想法看待自己身边的人与事。我们不再抱怨，而是心怀感恩之心，就会发现世界如此多彩，他人如此可爱，原本的一切都不一样了。

　　常怀感恩之心，并不是一句心灵鸡汤，而是实实在在的知恩图报。其实从我们出生开始，就接受了父母对我们的养育之恩，老师对我们的教育之恩，他人和国家对我们的护育之恩。我们接受别人的恩情，就应当怀以感恩之心，感谢别人的付出与牺牲。

　　另外，感恩之心可以稀释心中的狭隘和蛮横，还可以帮助我们化解内心的痛苦和忧患。常怀感恩之心，我们就能够逐渐原谅那些曾经伤害过我们的人，从而使我们的心胸更加宽阔，人生资源也更加丰厚。

　　英国作家萨克雷说："生活就是一面镜子，你笑，它也笑；你哭，它也哭。"只要我们常怀一颗感恩的心，就必然会不断地涌动着诸如温暖、自信、坚定、善良等这些美好的处世品格。自然而然地，我们的生活中便有了一处处动人的风景。

　　从人类进化的角度讲，其实从人类生命的起源开始便蕴含着感情的细胞，当外界的某些因素刺激到了这些感情细胞后，人的内心就会出现一种感激之情和行为上的报答现象。特别是当一个人让对方感觉到他是真正关心对方时，对方内心产生的感情负债感会更严重，在这种负债感的驱使下，对方会甘愿地为这个人做许多事情。

　　然而现在我们很多人会将负债情感忽视掉，也有的人口头上说着

"感恩，感恩，非常感恩"，但内心并没有什么感恩之情。他们将别人的付出当成了"理所当然"，甚至有时候只想着索取，而不想付出。

因而我们需要一颗感恩的心，即使不是为了减轻心中的负债感，也可以让我们从积极的角度去看待他人的付出和牺牲，进而更能明白"己所不欲，勿施于人"的价值所在，从而会让我们在处理人、事、物的过程中做出更好的权衡。

通过了解，我们会发现那些感恩的人身上具有两种品质，一是没有什么是必须的，二是珍惜现下所拥有的一切。

没有什么是必须的。这样的人明白，别人帮我们所做的一切都是别人给予我们的恩情，并不是他们本来就应该帮我们做什么。我们不能把他人的恩情当成"理所当然"，更不能在拼命地索取时，还在不停地抱怨和埋汰。

珍惜所拥有的。这样的人明白，现在我所拥有的一切都是别人施与的恩情，是不能随随便便丢失和抛弃的。要珍惜这来之不易的福分。生活中的很多非议实则都是"闲人"在议"忙人"，"君子"在论"小人"，感恩的人从不会轻易抱怨生活中那些不完美的事情，反而是以虔诚的态度对待生活中的一切。

总而言之，在积极情绪的世界当中，我们需要有感恩的情怀，更要有感恩的行动。

幸福之计

首先，通过冥想回忆，找出你生命中对你人生影响最大的人，即你生命中的贵人，至少三个。

其次，回忆与他们交往的过往经历，写一封感谢他们的信，告诉他们，你对他们的感激之情。写完之后，找到他们的地址和联系方式，与他们进行联系。

再次，与他们取得联系后，约定一个时间，进行一次感恩拜访，站在他们面前读出这份感谢信。

最后，在感恩拜访完成之后，与他人分享感恩之旅的感受，并且进行总结分析。

注意事项

1. 倘若我们写完感谢信之后，找不到对方的联系方式，我们可以故地重访，或者找几个朋友，让他们共同聆听你对恩人的感谢信。

2. 对于我们经常接触的恩人，感恩信并不是最好的感恩方式，只有实际行动才能见证你的感恩之情。

3. 感恩并不是一时的行为，需要长时间的坚持。

釜底抽薪：调节不良情绪

成语释义

釜底抽薪，原意是指把柴火从锅底抽掉，才能使水止沸。比喻从根本上才能将问题彻底解决。

本计策是指，在情绪管理过程中，我们需要对消极情绪采取追根溯源的方式，才能缓解、消除其不良影响。

成语故事

成语釜底抽薪语出北齐魏收的《为侯景叛移梁朝文》："抽薪止沸，剪草除根。"为《三十六计》中第十九计。

早在春秋时期就有以釜底抽薪为计谋的事例存在。春秋时期，齐国与鲁国互为邻国。当齐国的一代贤相晏婴故去之后，邻居鲁国却在孔子等贤臣的辅佐下呈现出大治之象。作为齐国君主的齐景公感到深深的不安。

齐国大夫黎弥向齐景公献策说："鲁国现在国富民安，远离战事，民众一心思安，再加上鲁国主公鲁定公喜好女色，我们可以献上一批美女，使其沉溺于女色，声色犬马，无心国事。等其离心离德之后，孔子等大臣便会离开鲁国了。"

齐景公纳用了黎弥的计策，从齐国挑选出 80 名能歌善舞、仪态万千的美女送往鲁国国都曲阜。当这 80 名美女到达曲阜后，在城内引起了巨大轰动，时任鲁国宰相的季斯也为之倾倒，鲁定公便将其中的 30 名美女赏赐于季斯。自此，君臣两人日日夜夜沉溺于酒色之中无法自拔，对朝政不管不问。

孔子的学生子路得知这种情况后，劝诫自己的老师离开鲁国，另寻出路。孔子说："国家的郊祭马上就要到了，若是定公连郊祭都忘了的话，我们再走也不迟。"到了郊祭当日，鲁定公只是走走过场就匆匆返回宫中，与美女们尽情享乐去了。

鲁定公此举违背了孔子治国以礼的根本理念，因此孔子忍无可忍，带着一众弟子愤然离开鲁国，去周游列国了。鲁国失去了孔子这一贤臣，国力日渐衰败，由此，齐国用美女"抽薪"的计谋取得了巨大的成功。

心理分析

我们每个人或多或少都会面临一些不顺心的事，这些不顺心的事自然会使我们产生消极情绪。

在产生消极情绪后，有些人能够及时发觉，并有效调整，但有些人却会不知不觉地深陷其中。长时间处于消极情绪中，不仅会影响我们的工作和生活，而且会使自己的坏心情进一步加剧、恶化。

在情绪调节中，我们知道若积极情绪战胜了消极情绪，即会促进人的进步，激发人性的优点使之为善；若消极情绪战胜了积极情绪，即会阻碍人的进步，激发人性的缺点使之为恶。所以对于不良情绪，我们需要进行有效调整。

当然，这种调整不仅仅是对不良情绪的调整，还有对不良认知的调整。因为情绪都是由不良认知引起的，我们必须弄明白引起不良认知的原因，才能以最快、最有效的方式对不良情绪进行调节。

因此，在情绪调节中，最重要的一步就是要对情绪进行追根溯源，明白引起消极情绪的根本原因，从而才能"对症下药"，达到"药到病除"的效果。

在情绪调节的过程中，我们需要做到以下几点：

1. 进行情绪觉察，即情绪状态是否与当时的情境保持一致

我们需要弄明白自己的情绪状态是怎样的，是否和当时所处的情境相一致。举例来说，当我们处于紧张的工作状态时，我们的情绪应当是处于稍高的焦虑状态，这样才有助于工作效率的提高；当我们准备睡觉或者在休息时，应当是处于放松的状态，这样才能使身心得到有效的休整。

2. 理性应对情绪，即明白什么样的情绪状态才是需要进行管理的

情绪没有好坏之分，关键在于我们面对情绪的态度，我们要弄明白什么样的情绪才是需要调节的，什么样的情绪是不需要调节的。

例如：适当的焦虑水平能够促使人们努力工作，认真学习，从而提高学习、工作的效率。这样的状态我们不仅不需要改变，反而应该维持。而当我们的焦虑状态过低或者过高时，我们都应该进行及时的调整，从而使自己的情绪状态和自己的学习或者工作状态保持一致。

3. 要保持稳定的情绪状态

稳定的情绪状态有助于生活及工作的正常进行，甚至还能提升工作、学习的效率；而不稳定的情绪状态伤害的不仅仅是自己，周围的人也会因此受到影响。有些人脾气一上来，就会口不择言，甚至还会与他人发生肢体冲突；有些人情绪波动大，会自虐，严重者还会自杀。

所以当情绪出现忽高忽低的状态时，我们需要进行及时的调整。

4. 追根溯源，制订情绪的调整策略

我们在清楚了解自己的情绪状态后，就需要制定相应的调整策略。

对于那些不合理的认知或者信念，我们需要重点调节。

纾解情绪的方法有很多，有些人会痛哭一场；有些人找三五好友诉苦一番；有些人会逛街、听音乐、散步或逼自己做别的事情以免老想起那些不愉快的经历；比较糟糕的发泄方式是喝酒、飙车，甚至自杀。值得注意的是，纾解情绪的目的是给自己一个理清想法的机会，使自己更有能量去面对未来。如果纾解情绪只是为了暂时逃避痛苦，那是没有任何效果可言的。

总之，在情绪的管理过程中，我们不仅要对自己的情绪状态有清楚的认知，还需要对情绪进行有效调节。

幸福之计

情绪管理中，我们需要学习调节之法，以下介绍几种方法：

1. 通过兴趣培养，陶冶自己的性情。例如琴棋书画等文艺活动，能够给自己提供情绪发泄的空间。

2. 体育活动。例如打球、健身等体育活动，不仅能锻炼身体，还能通过锻炼发泄不良情绪，调整情绪状态。

3. 身边一定要有三两个知心朋友。分享快乐使快乐加倍，分享痛苦使痛苦减半。如果自己在情绪状态不佳时，及时找人倾诉分享，也是非常有效的纾解方式之一。

4. 通过记日记整理自己的思绪。这是一个必然规律，写在纸上的越多，心里的积累越少。在写日记时，也可以对情绪状态进行梳理。

5. 给自己创造一个轻松快乐的环境。比如在房间内放香薰、音乐、植物等物品，通过灯光设置，让环境变得心旷神怡。

注意事项

正所谓"贪多不烂",调整情绪的方法不宜太多,只要找到适合自己的就好。

以情制胜：不要被"坏"情绪感染

词语释义

以情制胜并不能算成语，但用在此处是作为一个心理学计策，是借鉴出奇制胜这个成语的形式和含义，本意上是指用情感打动人心取得胜利。

在本计策中是指，在情绪管理的过程中，我们要学会用情绪感染调整自己的情绪，接受积极情绪影响，避免消极情绪蔓延。

词语故事

著名导演李安的电影常常都是以情制胜，他的电影从不受题材局限，也不曾被类型所束缚，皆是因"情"而起。

早年并称"父亲三部曲"的《喜宴》《推手》与《饮食男女》，讲的都是父辈与子女的感情，李安在其中放入了很多自己的经历。电影里面做菜、练太极，或者婚礼前新郎新娘跪在父母面前听训的细节，都来源于他的真实生活，甚至很多台词都是他与父亲在家里的对话。

自小生长在传统的家庭中，李安的"电影梦"一直不被父亲所支持。直到多年后的一次采访，父亲用电影《喜宴》里的"父亲"角色高举双手的动作来表达自己，才算是真正默许了他的逐梦之路。

心理分析

有这样一个故事：一个小男孩心情不好，看到一只小猫，便狠狠地踢了它一脚，吓得小猫狼狈逃窜；小猫受了惊吓，见到一个西装革履的老板，喵喵大叫；心情不好的老板在公司里对他的女秘书大发雷霆；女秘书回家后把怨气一股脑地撒给了莫名其妙的丈夫；第二天，身为教师的丈夫对一个学生一顿臭批；挨了训的学生怀着一种很恶劣的心情回家，在回家的路上又碰到了那只小猫，于是他二话不说，又一脚踹向了那只猫……这是心理学上著名的"踢猫效应"，描绘的是一种典型的坏情绪的传染。

生活当中，我们会发现不论是坏情绪、好情绪都具有传染性。当我们看一个非常紧张的人在台上演讲时，我们也会不知不觉地感觉到紧张；当我们看到朋友们开心时，自己就很容易融入其中。

然而有时候，我们也会不自觉地将自己的情绪带到他人身上，当我们悲伤时，好像看到任何人都是不开心的，有一种"感时花溅泪，恨别鸟惊心"的感觉；当我们快乐时，好像看到任何人都是开心的，有一种"荷塘雨后花含笑，碧柳垂丝晓风微"的心情。

正如我们在听音乐时，那些欢快的歌声能够使我们内心变得快乐，而那些悲伤的曲调也会感染着我们的伤感情绪；正如我们看电视剧时会受到剧中主角情绪的影响，看到主角痛苦，观众也会跟着难受，看到主角获得幸福，观众也会倍感欣慰。

这种现象在心理学中称为"情绪感染"，它是指人们可以通过捕捉他人的情绪来感知其情感变化的交互过程。用一个成语来说就是"察言观色"。

在情绪感染的过程中，不论是积极情绪还是消极情绪，其传染的时间都是非常快的。曾经有美国学者发现，情绪感染力的速度之快，不足一眨眼的工夫，而当事人并没有觉察到这种情绪的蔓延。他们还发现情绪感染是一种本能，在与人交谈时，每个人都会下意识地效仿对方的面部表情、动作姿势、身体语言以及说话节奏。

这样的情绪感染在熟人之间更容易发生。就像在一个班级内的学生，一旦有一部分学生安静地学习，其他人也会变得安静下来。而且我们会发现，那些活跃班级的学生基本上都是活跃的，而安静班级的学生也基本上都是安静的。

对群体居住的我们来说，日常的工作及学习都会受到其他人的影响。积极情绪的影响可以让我们感受到快乐和活力；消极情绪的影响却会让我们心情低落，提不起精神。因此，如何管理我们的情绪、避免消极情绪的感染是非常重要的。

1. 我们需要完善自己的个性。自傲、好胜、自卑、消极、好面子、虚荣、嫉妒、贪婪等不良个性会容易让人产生一些消极情绪，而个性坚强、自信的人则会很少受到他人的情绪影响。不知道大家有没有注意到，那些心直口快、心里藏不住事情的人往往都拥有不良个性；而那些做事雷厉风行的人，往往都是不容易受别人影响的。

2. 我们要增强个人修养。一个修养好的人，遇到不好的事情时，往往从正面解决问题，而不是消极抱怨。同时他也拥有良好的情绪管理能力，在遇到不顺心的事情时，即便想发火也会尽量控制自己的不良情绪，甚至在别人恶语相向时依然能够保持自己的风度。

3. 我们要多接触美好的事物。美好的事物能唤起美妙的感觉，不仅可以让我们心情舒畅，还可以让我们的身体得到放松。因而我们要多接触一些能令心情放松的、美好的事物，例如听一些令心灵放松愉快的音乐，看几场让人捧腹大笑或者温馨的电影，去郊外呼吸大自然的新鲜空气……

4. 我们要找到支持的力量。外界的支持可以让我们感受到被爱、被尊重等积极情感，即使身受消极情绪的影响，外界的支持也能让我们看到希望的曙光。这种支持可以是一个环境，也可以是某一物品，当然最好是身边的一个人，他可以随时随地给我们加油打气。

在情绪管理中，我们更多的要从自身的角度调整。在"以情制胜"计策中，我们要学会多接受积极情绪的感染，多使自己的身心得到滋润，强化个人的内在积极品质；同时我们要避免消极情绪的蔓延，以免使得内心的消极状态扩大化。

幸福之计

不管是有意识还是无意识，情绪总是会被传染。那我们应该如何避免被"坏"情绪传染呢？

1. 离开让你产生坏情绪的场所。一个人沉浸在坏情绪中时，一个眼神、一句话都可能会成为导火线。所以，三十六计，走为上策，离开那个可能成为导火线的场所，让自己的头脑保持冷静。

2. 冷静一分钟后再开口说话。一分钟很短，然而在发生事端前暂停一分钟是非常宝贵的，这样可能会避免一场争斗，挽回一场灾难。当我们的情绪上来时，先数到 10，然后再说话，假如怒火中烧，那就数到100。

3. 转移你的注意力。生气的时候不妨把那件事情丢开，看看电视，唱唱歌，听听音乐，做一些轻松的事情。

4. 合理宣泄。将"坏"情绪以合理的方式宣泄出来，如找个没人的地方大声喊出来。

注意事项

当我们的不良情绪不能很好地宣泄时，就要寻求外界的帮助，例如咨询心理咨询师等专业人员。切忌将不良情绪的感染蔓延下去。

不能自已：不要压抑自己的情绪

成语释义

不能自已，意思是不能抑制自己的感情。

本计策中，指要多进行情绪疏导，不要过于压抑自己的情感。

成语故事

不能自已一词来源于唐代诗人卢照邻的《寄裴舍人书》："慨然而咏'富贵他人合，贫贱亲戚离'，因泣下交颐，不能自已。"

卢照邻简介

卢照邻（约636－约680），字升之，自号幽忧子，汉族，幽州范阳（今河北涿州）人，初唐时期著名诗人，与王勃、杨炯、骆宾王在文学造诣上齐名，并称为"初唐四杰"。卢照邻擅长七言歌行，其中的《长安古意》《元日述怀》《十五夜观灯》《相如琴台》和《送梓州高参军还京》等著作都获得了广泛的赞誉。另有著有七卷本的《卢升之集》和明代张燮辑注的《幽忧子集》流传于世间。卢照邻自小出生于名门，并先后师从王义方和曹宪等名师。之后，卢照邻为邓王李元裕府典签，受到了邓王的器重，借用工作之便利，得以阅览群书，从中获益很多，为以后的成就打下了坚实基础。在其政治生涯中，卢照邻曾调任益州新都（今四川成都附近）尉一职，却由于《长安古意》得罪武则天的侄儿武三思而入狱。出狱后，卢照邻因感染风疾而转居多地，最后由于政治上的失意和长期病痛的双重折磨而自投颍水，享年约 60 岁。

心理分析

随着社会压力越来越大，很多时候我们不能把自己的消极情绪发泄出来，特别是一些显得自己比较脆弱的情绪。

为什么我们会压抑自己的情绪呢？首先从自身来说，我们希望在他人眼中的形象是强大的，因为外界激烈的竞争状态，一些道德伦常的关系，决定了我们不能在他人面前示弱，否则就可能会被淘汰。其次，因为爱的原因，有的时候我们为了不伤害他人，也会强迫自己压抑自己的情绪，比如当你逐渐长大，父母或者伴侣想要控制你做某些事的时候，你会觉得很愤怒，觉得自己的界限被侵犯了，但大脑可能会告诉你："他们很爱你，这么做也是为你好，你不应该生气。"

从弗洛伊德潜意识的角度来说，个体把意识不能接受的冲动、矛盾、情感等排斥到意识之外，压抑到潜意识之中，但是被压抑的痛苦经验并未真正消失，只是由意识领域转入到潜意识领域，它们常常以伪装的方式表现出来，以求得暂时满足。像梦中的言行和酒后吐真言，都是压抑到潜意识中的欲望，趁着意识的辨别能力较弱时出来活动的现象。然而我们需要注意的是，过多的情绪压抑，会让身心备受伤害。

1. 过度的情绪压抑，会让我们慢慢地形成自我否定的思维

它会让我们变得不再相信自己的内心感受，开始压抑最真实的自己。我们的内在越来越匮乏，整个人也越来越无力，殊不知正是因为这些所谓的"愤怒""厌恶""烦恼""悲伤"等消极情绪的存在。

2. 过度的情绪压抑，是对人际关系的破坏

人与人之间的连接，离不开情绪的沟通，这其中包括快乐、满足等正面情绪，也包括悲伤、愤怒、嫉妒等负面情绪。很多时候，我们为了维持关系的和睦，会选择压抑自己的负面情绪，而只表露自己的正面情绪，却不知道，这反而会破坏彼此的连接。真正的连接来自内在。生活中我们会欣赏完美的人，但不会与他们成为朋友，就像维纳斯女神像一般，这种残缺的美才更让人们欣赏、爱慕。

3. 过度的情绪压抑，会让我们失去自我表达

就像有些孩子，从小在非常严苛的原生家庭长大，为了懂事、听话、让父母满意，会不断压抑自己的情感，不敢表现出自己的脆弱和痛苦。等他长大后，很容易出现无法与人沟通的状况。

曾有研究发现，第一次世界大战之后，很多在战前跟家人关系很好的士兵，回来后却变得很冷漠，无法像以前那样，跟自己的家人或者朋友建立起亲密的关系。这正是因为他们在战场上，经历了太多的恐惧、悲伤和痛苦，却没有得到有效处理，而是被强行压抑在心中，以致于他们陷入消极情绪中无法自拔，从而无法与人正常沟通。

4. 过度的情绪压抑，有时候会以另一种方式爆发

所谓"水满则溢"，消极情绪积累过多时，就会在某一个时机爆发出来。"千里之堤，溃于蚁穴"的威力不正是情绪过度压抑后，一点小刺激就会让人爆发出不亚于炸药威力的写照吗？那些突然出现的变态杀手绝不是一朝一夕形成的，其背后肯定经过无数个日夜负面情绪的积累。

5. 过度的情绪压抑，伤害的不仅仅是我们的内心，还有我们的身体

世界心理卫生组织曾指出：80% 以上的人会以攻击自己身体器官的方式来消化自己的情绪。现代医学研究认为，我们所患的疾病，很多都是来自精神上的创伤。我国古老的中医智慧也曾说过："怒伤肝，思伤

脾，悲忧伤肺，恐惊伤肾。"身体是心灵的一面镜子，它会如实地储存我们过往的所有经验，而其中那些愤怒、痛苦、悲伤、焦虑、压抑等负面能量，就会不断地攻击我们的身体，最终造成伤害，出现病痛。

当那些无处宣泄的情绪、无法表达的感受以及被卡住的能量聚集在我们身心中时，我们为什么不能将情绪的闸门打开，大哭一场或用力呐喊……

在不能自已时，就要把情绪发泄出来。就像"笑一笑十年少，愁一愁白了头"一般，高兴时就开怀大笑，难过时就尽情痛哭，内心的一切情绪都是需要我们将其表达出来的，这样我们才能让自己的心理、身体变得更加健康，才不会变成一个失去自我、冷漠麻木的人。

幸福之计

当我们身处不良情绪之中时，我们可以通过以下的方式进行宣泄：

1. 异地宣泄

当我们怒气冲天时，不妨赶快跑到其他地方，干一些体力活，或者干脆快跑一圈，这样可以将内心的愤怒、气恼发泄出来，随之而来的就是心平气和了。当我们内心遭受委屈、痛苦和悲伤时，找一个安全的地方放声大哭，这样可以使我们的悲伤情绪得到缓和。

2. 理智消解

在我们产生不良的情绪时，不妨深呼吸一下，沉着冷静下来，仔细分析自己的情绪产生的原因是否有其合理之处，是否值得我们悲伤、恐惧、愤怒、忧虑。等我们分析清楚了，情绪自然而然就消除了。

3. 转移情绪

在我们产生某些不良情绪时，可以通过一些行为将自己的注意力转移到其他的事情上，例如外出旅游、跑步等。现代生理学的研究表明，当我们处于不良情绪时，我们的感官会将信息传递给大脑，大脑经过分析后就会产生不良情绪。在我们发觉自己情绪状态将要变坏时，及时将注意力转化到其他的事情上，那些不良情绪的产生机制就会被阻断，自然也就没有不良情绪了。

4. 心理调整

不良情绪的调整方法有很多，例如：

自我鼓励法——用生活的哲理或某些明智的思想进行自我鼓励，鼓励自己同困难和逆境做斗争。

言语暗示法——用语言暗示人的行为和心理，保持心情平静，排除杂念，在专心致志的情况下，进行情绪调整。

疏导法——心情压抑时，有节制地发泄，可以向亲人、朋友、同事等倾诉，请他们帮忙开解。

环境调节法——通过变换环境来调节不良情绪。如去公园散步，到外面走走等。

注意事项

在情绪宣泄过程中，我们并不是提倡随时随地地发泄情绪，而是通过有效的方式进行适时的宣泄。切忌让情绪发泄产生"蝴蝶效应"。

指桑骂槐：智慧地宣泄情绪

成语释义

指桑骂槐，意为指着桑树数落槐树。比喻表面上骂这个人，实际上骂那个人。但作为军事上的计策，其意义更为深刻。它是作战指挥者"杀鸡儆猴、敲山震虎"最有效的暗示手段，以此来慑服部下、树立领导威严。

本计策旨在表示在管理情绪的过程中，要学会用合理的方式发泄情绪。

成语故事

指桑骂槐一词出自《三十六计》中的第二十六计。《三十六计》是我国古代广为流传并应用的 36 种兵法策略，也可用于政治、外交及各种日常生活社交活动中。

指桑骂槐的本来意义是通过间接的训诫，以警示部下使其信服，从而建立威信的谋略手段。这种方法被引申于各种军事、外交和政治活动中，对弱小的对象施加压力，加以利诱来达到对强大对手进行旁敲侧击和敲山震虎的效果。

孙权劈帅案表决心

建安十三年，东吴的领土江陵城曾受到魏军的直接威胁。当时曹操亲自向孙权下了战书。战书中说道："奉大汉天子献帝之诏命来讨伐尔等罪臣，如今荆州刺史刘琮已经归降，刘备也已战败出逃，我将亲领八十万水军与将军一战。但是若将军愿意投降于我，自可免除血光之灾。"

得知此消息后，孙权召集各大臣商议应对之策，其中不乏降曹派。在降曹派和抗曹派的争议中，孙权一时之间也想不到合适的对策。恰逢诸葛亮前来与群儒舌战，更有周瑜、鲁肃对形势进行分析，使得孙权下定决心全力抗曹。孙权先是义正言辞地说道："我与曹贼誓不两立，东吴要与曹贼血战到底！"然后抽出佩刀砍下帅案一角，说道："从现在起，谁再说投降曹操，下场如同此帅案！"这下降曹派如张昭等重臣亦是不敢多作言语。这种敲山震虎，借砍帅案表达与曹操势不两立的行为来警示手下的做法，有效统一了内部的意见，为以后的吴蜀共同抗魏打下了基础。

孙权简介

孙权（182年-252年5月21日），字仲谋，吴郡富春（今浙江杭州富阳区）人。其父为长沙太守孙坚，兄长为讨逆将军、会稽太守孙策，在东汉末年群雄混战割据的时代中打下了江东基业。

建安五年，孙策遭徐贡的门客刺杀，临终之时召来张昭等重臣，传位于孙权。自此孙权接管江东诸事，成为割据一方的诸侯。建安十三年，孙权听取鲁肃和周瑜等人的建议与刘备建立孙刘联盟共同抗曹，并于赤壁一战中大败曹军，为日后三国鼎立的局面建立了良好基础。建安二十四年，孙权指使吕蒙袭取荆州成功，大大扩大了东吴的领土面积。黄武元年，孙权受魏文帝曹丕之册封而为吴王，于同年，孙权在夷陵大战中打败了刘备的蜀军。黄龙元年，孙权在武昌称帝，国号吴，随之不久迁都建业，成就了一代帝王之业。

孙权建立吴国后，实行屯田、兴修水利、宽赋调息的政策进而恢复了江东的农业生产和发展。孙权为人节俭，即使称帝后依然居住在旧将军府中。然而在晚年长子孙登逝世后，孙权未能处理好新立太子孙和与鲁王孙霸的争嫡问题，造成了"二宫之争"以致于朝局不稳。孙权于太元元年因病去世，享年71岁，为刘备、曹操三人中最长寿的统治者，谥号大皇帝，庙号太祖，葬于蒋陵。

心理分析

在生活中，我们总会遇到一些这样的情况：明明不是自己的责任，却被他人强行制压到自己的身上；或者是本来处于善意的行为却被别人误解为别有用意，在遇到这样的情形时，我们难免会有情绪低落的状态，内心总会有些愤愤不平。那么我们应该如何化解这些愤懑不平的情绪呢？常见的处理方法有以下几种：

1. 鸡蛋碰石头

这通常是指我们遇到社会上的一些不可理喻的人或者是精神不正常之人时，采取硬碰硬的方式去解决问题。但这样的处理结果通常只会给自己造成更大的伤害。

2. 逃避

这类人在遇到不好的情况时，采取逃避的方式，将问题转移到他人身上，从而避免自己承担责任；或者采用消极怠工、不配合的方式。

3. 指桑骂槐

在对方处于优势，自己处于劣势时，不能表现出对对方的不满，此时可以采取指桑骂槐的方式处理。这样既避免自己的权益受损，也能让对方明白自己的想法。

由此可以看出，在我们的情绪遭受刺激，需要发泄时，不论是第一种还是第二种，对我们自身的发展来说都是不可取的，甚至我们还会因此面临被疏远或者被淘汰的危机。第三种，虽然没有直接说明自己的问题，但是在一定程度上也对他人起到了警示的作用，让他人知道我们并不是软弱可欺的，并不是无知的。这样的方式看似是一种消极的发泄方法，但实际上却是一种积极的自我情绪调整方式。

"指桑骂槐"的情绪管理方式，存在两种特点：

1. 直接式

面对他人的不合理要求，不是直接回绝，而是用事实说话，从而使那人正视自己的"强人所难"。记得有一部电影，剧中主角对他的儿子说："忍无可忍，无须再忍。"以一种直截了当的武力方式强制性地压倒对方。生活中，面对一些强权式的压力时，将他人的过激言论通过另一种方式反馈给那人，从而使那人明白自己的不合理要求。

春秋时期，大军事家孙武便是以这样的直接方式反击吴王对自己的压制的。孙武完成《孙子兵法》之后，吴王为了愚弄孙武，说："你的兵法真是精妙绝伦，先生可否用宫女进行一场小规模的演练呢？"孙武无可奈何，不得不听从吴王的命令展开演练。然而演练的过程中，众美女嬉笑玩闹，无视孙武的指挥，于是他巧妙地利用军纪军规，命令将演练过程中不听指挥的吴王的两个爱妾斩首，吴王求情，他说："将在外，君令有所不受。吴王既然要我演习兵阵，我必须按军法规定操练。"吴王无话可说。吴王的爱妾被斩首，这也使得美女们备受震慑，从而演练顺利进行。

2. 自嘲式

金无足赤，人无完人。以一种说其长也道其短的方式进行自嘲，也能收到意想不到的效果。

曾经国内有家暖气片厂就是这样"警告"用户的："我厂生产的暖气片尽管以总分 99.94 的成绩被评为全国第一，但仍存在不少问题。主要缺点有：0.2‰的螺旋精度没达到国际标准；4‰的产品内膛清理不净。请用户购买时，千万认真挑选，以免我们登门为您服务时耽误您的时间。"这样自嘲式的广告，以幽默的方式表现出了诚心诚意为顾客着想的态度，从而赢得了顾客的喜爱。

"指桑骂槐"式的情绪发泄，不仅能让对方容易接受，而且也能做到有效地保护自己。但这种技术，不仅需要我们能够对情绪进行适当的管理，也需要我们拥有将不良情绪转化的智慧。

幸福之计

学会用指桑骂槐的方式，发泄自己的情绪，这样的计策需要我们做到以下几点：

1. 任尔东西南北风，我自岿然不动。这是指在我们遇到别人的激将法时，以不变应万变，不随意接受他人挑衅，做好自己即可。

2. 诡异一笑，让他心惊胆战。在面对他人威胁或是挑衅时，对他人一笑，不让他看透自己的想法。

3. 以其人之道还治其人之身。我们不能明面表现自己的不满，但我们可以用他的话来反击他，用他的方法来反击他。

注意事项

指桑骂槐，是要等到我们能够很好地管理自己的情绪时才能使用的。如果我们还不能很好地掌控自己的情绪，切忌使用此方法。

慈悲为怀：积极情绪要有，消极情绪也不能消灭

词语释义

慈悲为怀是一个佛教语，认为人应以救助他人疾苦为己任。现在常用于劝诫人以恻隐怜悯之心为根本。

本计策旨在表示在情绪管理的过程中，既要培育积极情绪，也不排斥消极情绪。

词语故事

慈悲为怀，出自《南齐书·高逸传论》："今则慈悲为本，常乐为宗，施舍惟机，低举成敬。"

心理分析

我们在看电视时，常常会看到这样一个场景，一个和尚或者尼姑，双手合十放于胸前，念叨着"出家人以慈悲为怀"。那究竟什么是"慈"，什么是"悲"呢？

"慈"和"悲"在佛教里，一个是弥勒佛，一个是观音菩萨。人们在拜佛时，常常念叨"大慈大悲的观世音菩萨"，其实"大慈大悲"指的是弥勒佛和观音菩萨两者。

从情绪的角度来看，"慈"代表着快乐，是一种积极的情绪；"悲"代表着悲伤，是一种消极的情绪。不论是积极情绪还是消极情

绪，都是我们情绪中的组成部分，它们在我们的生活中扮演着不同的角色，对我们的身心发展造成了不同的影响。

但在实际生活中，人们普遍倾向于积极情绪，这是源于积极情绪对人们的生活具有促进作用。积极情绪能够使人的有机体处于协调一致的状态，从而使人更好地集中精力，去从事自己所喜爱的事业，同时也会对生活和前途充满信心和希望。

另外，积极情绪还有治病作用。常言道：笑一笑，十年少。在日常生活中，我们常常可以看到情绪乐观、心情愉快的人，往往是身体健康的人；也可以看到不少得病的人，通过自我调节，发挥积极情绪的作用，使自己摆脱疾病的折磨。根据调查，被称为"长寿之乡"的广西巴马瑶族自治县，那里的老人之所以长寿，其主要原因是他们性情开朗、情绪乐观、热爱生活。这些都是积极情绪在发挥力量。

消极情绪对人们的生活更多的是消极影响，并且一旦消极情绪扩散，其影响会更加严重。中医有这样的说法，"怒伤肝、思伤脾、忧伤肺、恐伤肾"。由此可以看出，过度的消极情绪，长期处于不愉快、恐惧、失望的状态，会抑制胃肠运动，从而影响消化机能。情绪消极、低落或过于紧张的人，往往容易患各种疾病。

然而在实际生活中，人们并不能避免消极情绪，而且在克服消极情绪时，很多人更多的是选择逃避或者思想转化的方式。殊不知，当我们接受自己的消极情绪时，对身心来说是更为有益的，还会因此提升我们的幸福感。

美国和加拿大研究人员以美国加利福尼亚州旧金山湾区和科罗拉多州丹佛都市区的 1300 多名成年人为研究对象，在考虑年龄、性别、社会经济地位等因素后，通过三项独立研究分析他们的情绪接受与心理健康之间的关系。

第一项研究：1000 多名研究对象填写网络调查问卷，对如"我告诉自己不应该像现在这样（心情不好）"一类的陈述发表自己的看法。结果显示，能坦然接受自己不好的心情状态而不是要求自己一定要高兴起来的人，生活幸福感更高。

第二项研究：150 多名研究对象被要求在一场模拟面试中发表一段 3 分钟的视频演讲，介绍自己的沟通能力等；完成任务后，研究对象被要求评估自己在演讲准备过程中受到的"煎熬"。结果显示，那些不能接受自己有负面情绪的人，表现出的焦虑更为严重。

第三项研究：200 多名研究对象被要求以文字形式描述自己过去两周中最疲惫、最难以承受的一次经历，并在 6 个月后调查他们的心理健康状态。结果发现，那些不能接受自己状态不好的人，在 6 个月后出现情绪异常的情况更为严重。

研究人员对此解释说：选择躲避自己的坏情绪或以严苛态度评判这种坏情绪的人，感到的心理压力会更大。相比之下，那些通常以顺其自然的态度接受悲伤、失望、气愤等负面情绪的人，出现的情绪失调症状较少。

因此，当我们处于消极状态时，并不需要刻意去阻止，我们应当学会接受自己的消极情绪。就像我们在欣赏维纳斯女神像时，我们既要看到她绝美的身姿，也要看到她残缺的双臂；即使后来很多雕塑大师都想修补上她的双臂，但这样反而影响了她的美丽。

接受消极情绪并不意味着要让消极情绪无限制地蔓延下去。我们需要在接受消极情绪的基础上，学会调整自己的情绪。《自卑与超越》的作者奥地利心理学家阿德勒就是在极度自卑中获得自己的心理成长，从而超越自己；《哈利·波特》的作者 J.K. 罗琳一开始写本书时，也是处于人生的低潮当中。他们虽处于消极情绪中，但他们能够调整自己的消极情绪，不让消极情绪蔓延，从而获得了重生。

总而言之，我们的生活中更多的是需要积极情绪，但我们并不排斥消极情绪。在情绪管理的过程中，我们所需要做的就是坦然面对消极情绪，同时不放弃对积极情绪的追求。

当处于积极情绪时，我们需要做的就是维持积极的状态，使之保持的时间长久一些；当处于消极情绪的状态时，我们要接受消极情绪，弄明白产生消极情绪的原因，从而以正确的方式去调整。

这才是情绪调节中的"慈悲为怀"！

幸福之计

在情绪管理的过程中，我们要重视心理的保健：

1. 用积极情绪对待一切。在生活中，积极的情绪能够使我们的生活更加阳光。我们需要培养自己的积极心态，用正向的认知看待工作和生活。

2. 学会接受自己的消极情绪。人生避免不了消极，也不会永远处于消极的状态。我们要接受自己情绪中的消极部分，而不是逃避消极。

3. 学会适当的"糊涂"。消极情绪并非全然无好处，适当的消极状态，能够让我们更好地认清自己。学会与消极情绪同行，但不要让它无限制地扩散。

4. 理智调控情绪状态。兴奋时学会降温，悲伤时学会升温。保持应有的冷静与清醒，懂得居安思危。

注意事项

消极情绪虽有益处，但生活中还是应当以积极情绪为主，消极情绪为辅。要避免长时间的过喜或过悲。

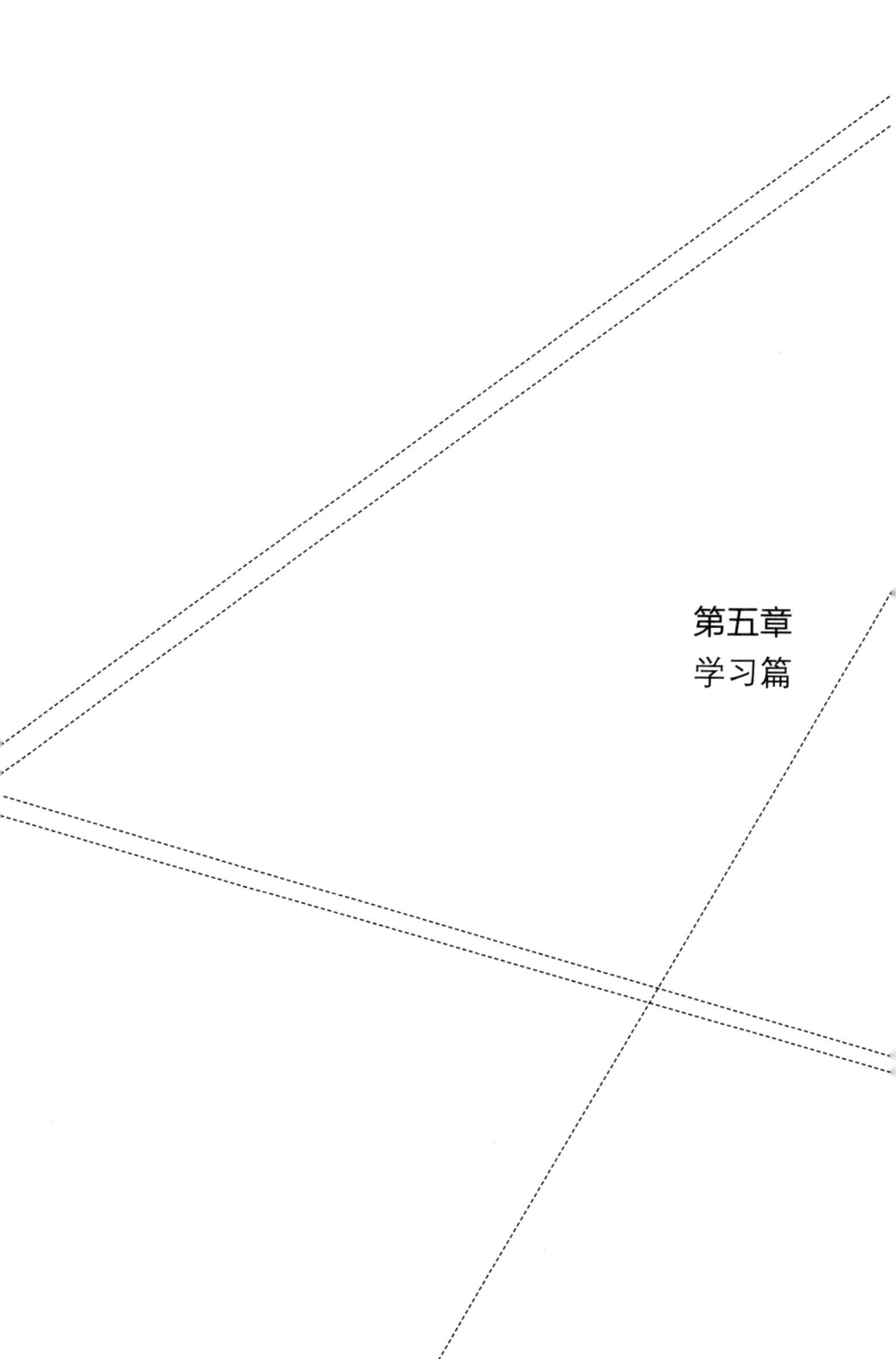

第五章
学习篇

玉不琢，不成器；人不学，不知义。通过学习我们不仅可以丰富知识、开阔眼界，还能够以此大展宏图，收获成功。

但是学习并不是一朝一夕就可以完成的，著名学者王国维先生在《人间词话》中谈到自己的治学经验："古今之成大事业、大学问者，必经过三种之境界。第一境界是立志，人想要将做学问当作自己的事业，必须先有执着的追求，明确目标与方向；第二境界境是付出，要想学有所成，必须经过一番辛勤劳动，废寝忘食，孜孜不倦。第三境界是收获，学习必须有专注的精神，要经过反复追寻、研究，才能豁然贯通，有所收获。"

每个人的学习之路都是从懵懵懂懂的状态开始的，经过一段时间的废寝忘食、孜孜不倦之后，才会有所领悟和理解。那我们究竟该怎么更好更快地达成学习目标呢？这里提供了六个计策：

第一计，学习要拥有时间管理能力，即"凿壁偷光"。

第二计，学习要刻苦，即"囊萤映雪"。

第三计，学习要拒绝拖延，即"闻鸡起舞"。

第四计，学习要有目标和方法，即"韦编三绝"。

第五计，学习要避免从众，做到自觉自律，即"暗度陈仓"。

第六计，学习要经过实践，即"转识成智"。

凿壁偷光：拥有时间管理能力

成语释义

凿壁偷光，出自西汉大文学家匡衡幼时凿穿墙壁引邻舍之烛光读书，终成一代文学家的故事。现用来形容家贫而读书刻苦的人。

在本计策中，意指在学习知识的过程中，需要做好时间管理和规划。

成语故事

凿壁偷光这个成语出自汉代刘歆的《西京杂记·卷二》："匡衡，字稚圭，勤学而无烛，邻舍有烛而不逮。衡乃穿壁引其光，以书映光而读之。"

书中讲到在汉朝时，有一个名叫匡衡的少年，虽然家里很穷，但是读书特别勤奋。由于他白天要干活维持生计，所以只有在晚上才可以静下来安心看书。要知道在古代蜡烛是很珍贵的，匡衡由于买不起蜡烛，自然也就无法看书了。

匡衡对在漫长的夜晚无法读书一事非常介怀，内心总是充满痛苦。他的邻居家境非常好，夜晚时经常在屋子的各个角落都点起蜡烛，使整个屋子被照亮。终于有一天，匡衡鼓起勇气请求邻居借出一寸地方让他晚上可以读书。然而，邻居却非常看不起比自己穷的人，他挖苦匡衡说："既然连蜡烛都买不起，还读什么书呢？"匡衡听了以后非常气愤，就下定决心一定要把书读好，将来有所成就。

匡衡回到家后，默默地在墙上开凿出了一个小洞，有微弱的烛光从邻居家漏出来。匡衡凭借着这微弱的烛光，开始认真地读起书来，渐渐地就把家中的书籍全部读完了。

在读完这些书后，他感到自己现在所掌握的知识量还远远不够，需要更多的书用来阅读与学习。在附近有一户拥有很多藏书的大户人家，于是匡衡就带着自己的铺盖走到了这家大户人家门前。他对主人说："请您收留我，我给您家里白干活不要报酬。只要让我阅读您家的全部书籍就可以了。"主人被他的精神所感动，就答应了他的要求。

最终，匡衡通过勤奋学习，先后成了汉元帝刘奭和汉成帝刘骜的宰相，也是西汉时期著名的《诗经》研究学者。

心理分析

对于时间，很多人的态度其实是很矛盾的。一方面他们能够意识到"一年之计在于春，一日之计在于晨""少壮不努力，老大徒伤悲""一寸光阴一寸金，寸金难买寸光阴"这种时光短暂的急迫。但在具体的行动中往往大相径庭，"时间还多着呢，不急""今天没做完的，明天再继续"是他们经常使用的借口。

"明日复明日，明日何其多。我生待明日，万事成蹉跎。世人若被明日累，春去秋来老将至。朝看水东流，暮看日西坠。百年明日能几何？请君听我明日歌。"这就是很多碌碌无为之人不能取得成就的原因。

古往今来，能够做出一番成就的人，无一不是与时间赛跑的高手，无一不是会偷时间的高手。我们伟大的毛主席就是这样一位高手。

为了有更多的时间读书，毛主席在北京大学担任图书管理员时，借助工作之便，博览群书。这为他以后成为著名的军事家和文学家奠定了深厚的基础。另外在当图书管理员期间，毛主席住在老师杨昌济先生家，借此他认识了不少的名人志士，例如哲学家梁树民先生等，并从他们那里学习到了很多先进思想。

毛主席的这种与时间赛跑的能力与匡衡的"凿壁偷光"有着异曲同工之处。

数学家华罗庚说过："时间是由分秒积成的，善于利用零星时间的人，才会做出更大的成绩来。"而他本人就是这方面的代表。华罗庚经常利用生活中的零碎时间进行学习或做一些简短的工作。

一天只有 24 小时，时间对每个人都是公平的。它不像金钱，今天不用就存在银行里，明天还可以再取出来，时间是过去了就再也回不来了。尤其是在当今这个竞争压力巨大、知识快速更新的时代，只有充分利用时间吸取知识，才能在将来的社会上有一席之地。

正如现在人们常说的，学历代表过去，能力代表现在，而学习力才代表未来。但生活的琐事、工作的繁重，让很多人无法专注于学习。其实这是由于时间管理能力弱造成的。如果我们拥有良好的时间管理能力，即使工作再繁忙，也可以抽出一段时间进行学习。

无论生活还是工作，我们都需要有一个很好的时间管理方法，尤其是在时间碎片化严重的时代。为什么同样的时间内，成功人士能将几件事情都做得很好，有些人却连一件事都做不好呢？这就是时间管理能力在起作用。成功人士是在有目的地忙，有些人却是在瞎忙。

当然，时间规划和管理并不是要我们在有限的时间内把所有事情做完，而是让我们有选择性地做，让我们明白什么事情该做，什么事情不该做。要知道，时间管理不是完全地掌控，而是降低变动性。时间管理最重要的功能是透过事先的规划，作为一种提醒与指引。

所以，我们在进行时间规划的时候，就需要明确自己的目标，因为如果目标没有设定好，计划也不可能拟定详细，那在时间管理上的效率就会大打折扣。

时间就是生命，掌握时间就是掌握生命。一个人的成就决定于他每天 24 小时做了哪些事情。时间规划的重点就在于如何合理分配时间，在每一分每一秒都做最有生产力的事情。但是我们不能忘记，人生除了工作挣钱，还有家人和朋友，我们要安排一定的时间陪伴家人，以及进行休息和玩乐等项目。

幸福之计

在时间管理和规划的过程中，我们需要做到以下几点：

1. 明确目标

我们进行时间管理的目的，是让自己在更短的时间内达成更多想要达成的目标。只有我们明确目标，才能更好地进行下一步的规划。

2. 列明"个人清单"

将一年内所要做的所有事都列出来，并且按照目标的重要性排序，写成一张"个人清单"。一个人永远没有时间做每一件想做的事情，但永远有时间做对自己最重要的事情。当我们列出来之后，按之前排好的顺序，设定完成期限。

3. 详细地规划目标

时间的管理中，在目标规划时必须将最多的时间花在做重要的事情上。而在做规划时，要做出明确而且详细的计划，越详细越容易管理。

4. 每天至少有半小时到一小时的"不被干扰时间"

每天保证有 30 ~ 60 分钟不被干扰。我们可以待在自己的房间里，思考一些事情，或是做一些认为最重要的事情。有可能这 1 小时抵过你

1 天的工作效率，甚至有时候这 1 小时比你 3 天工作的效率还要高。

5. 目标和价值观要吻合

在确立目标的时候要做到与自己的价值观相吻合，以避免当价值观不明确时，出现时间分配不当的问题，毕竟，时间管理的重点就在于如何分配时间。

6. 所有事情一开始就把它做好

每件事情一开始就把它做到最好，这样你就不需要重复去做同一件事情。同一类的事情最好一次性做完。

7. 整理时间日志

将每天做的事情整理成"时间日志"，这样方便我们了解每天做了什么，花了多少时间，进而可以帮助我们找到浪费时间的根源。

注意事项

1. 在安排时间时，要有一定的弹性。切忌将自己的时间安排得过满，不留一丝空余。不要过度压榨自己的身体。

2. 剔除无须花费时间的琐碎事务。就像在整理房间时需要清除垃圾，才能够决定真正需要的物品应该如何摆放一样，对那些烦琐的事务，我们不需要安排在行程中。

囊萤映雪：学习需要刻苦与自省

成语释义

囊萤映雪，比喻人勤学好问。

本计策是指，在学习时要刻苦用功，并且学会自我反省。

成语故事

囊萤映雪这个成语出自《初学记·卷二》引《宋齐语》和《晋书·车胤传》。

这个成语讲的是在晋朝时期，车胤和孙康两个贫苦少年想尽办法发奋读书，最终有所成就的故事。

相传在晋代，有一个名叫车胤的少年，他从小好学不倦，但因家境贫困，家人无法为他提供良好的学习环境。为了维持家庭的基本生活需求，并没有多余的钱买灯油供他晚上读书学习。为此，车胤只能利用白天的时间读书。一个夏天的晚上，车胤正在院子里背诵一篇文章，忽然看到很多萤火虫在夜空中不停地飞舞。那一闪一闪的光点在黑暗的夜空之中显得很是耀眼。他忽然萌生了一个想法，如果可以抓一些萤火虫集中在一起，不就可以成为一盏明灯了吗？于是他去找了一个白绢布的口袋，抓了几十只萤火虫包在白绢布口袋中，再扎住袋口，将口袋用绳子吊起来，虽然不像想象中那么闪亮，但勉强可以用来读书学习了。从此，只要发现萤火虫，他就去制作一个白绢布口袋的萤火虫灯。就这样，车胤勤学不殆，终于有所成就，多年后他官至六部中的史部尚书一职。

同样也是晋代的少年，孙康也是家境潦倒，贫困不堪。一个冬天的深夜，他忽然从睡梦中醒来，当他把头侧向窗户时，发现房间的窗缝间竟透进了一丝光亮，原来那是大雪所映射出的光亮。孙康忽然发现可以利用大雪所映射的光亮来读书，于是他再无睡意并立即取出书籍，来到屋外。雪后在辽阔的大地上所映射而出的光亮，要比在房间中的光亮更加强，于是孙康不顾冬日的酷寒，立即看起手中的书来，即使是手脚被冻僵了，也只是站起身来跑上一跑，同时搓搓手指并晃动一下双腿，便接着读书。自此之后，每逢下过大雪的晚上，他都走出屋外，借助大雪所映之光读书学习。长此以往，他的学识突飞猛进，最终成为东晋时期有名的饱学之士，官至御史大夫。

心理分析

古人常用"书中自有颜如玉，书中自有黄金屋"来鼓励后辈刻苦学习。因为在当时而言，只有考取功名，才能获得利禄，才能升官发财。但现在不同了，人们对于学习有了更多的认识，学习不仅仅是为了谋生存求发展，也可以是为了开阔眼界，增长见识；或者是为了学习技能，丰富生活；还可以是为了改变气质，增加魅力。

但是在读书、学习的道路上，没有捷径可走，也没有顺风船可驶，如果你想要在广博的书山学海中汲取更多更广的知识，勤奋和刻苦是必不可少的。正如古人只有经过寒窗苦读十几载，才能"一举成名天下知"。

那我们需要做到何种程度才能称得上是刻苦呢？从"囊萤映雪"来看，车胤利用萤火虫之光和孙康利用雪后反光看书学习，这是刻苦；鲁迅先生为了读更多的书，卖掉金质奖章，吃椒驱寒，这也是刻苦。

刻苦学习的人，他们不会被外界束缚，也不会被自身的不足打败。

他们会利用自己的智慧，或制造各种条件，或运用各种办法，来让自己学习。就像汉朝的孙敬为了抓紧时间学习，以"头悬梁，锥刺股"来使自己的头脑保持清醒那样。

现在，人们的生活富裕起来了，我们拥有明亮的大教室和优秀的教师队伍，也有"衣来伸手，饭来张口"的安逸状态。在此种环境下，有些人忘记了什么是勤奋，什么是竞争。一次失败的经历，一次职场的淘汰都会让他们手足无措，身心都备受摧残，甚至有的人承受不住，选择自杀。

因而我们将"刻苦"之计用于此，就是要警醒人们在安逸的生活中，不要忘记以前的艰辛，要拥有刻苦的学习精神，要时刻反省自己。

一个人之所以能够不断进步，就在于他能不断地自我反省，找到自己的缺点或不足，然后加以改正，从而才能取得一个又一个成功。但是反省并不是那么容易做到的，要知道世界上最困难的就是认识自己，我们需要从中找到方法。

曾子曰："吾日三省吾身，为人谋而不忠乎？与朋友交而不信乎？传不习乎？"这是直接的自省，当自省效果不是那么明显时，我们可以借助他人或者知识的力量。

正如唐太宗李世民所说："夫以铜为镜，可以正衣冠；以古为镜，可以知兴替；以人为镜，可以明得失。"我们可以通过将自己的行为与他人比较，从而明白自己的优势和劣势。另外我们也可以通过他人的评价，从而发现自己的盲区。

当然我们也可以通过学习，了解需要改进的方向和目标。正如英国浪漫主义诗人雪莱所说，"我们越是学习，越觉得自己贫乏"。而学习的内容和方式也是多种多样的，读书就是最常见的一种。

读书，可使人明智，可使人聪慧，可使人高尚，可使人文明，可使人明理，可使人善辩。但是需要强调的是，读书并不只是读书，而是要在精读的基础上加以自己的思考和领悟。就像法国启蒙思想家、文学家伏尔泰说的："书读得越多而不假思索，你就会觉得你知道得很多；而当你读书思考得越多的时候，你就会越清楚地看到，你知道得还很少。"

幸福之计

在进行自我反省的过程中，需要做到以下几点：

1. 找一个安静的地方坐着

给自己一段静默的时间，才能觉察出自己的需要，才能听到内心深处的呼唤。

2. 虚心的态度是自省和进步的先决条件

虚心地接受别人的批评，因为一个人所犯的错误首先是被别人看到，然后才是自己知道。

3. 拿出一个本子，记下一天中让自己尴尬和焦虑的事

古人云：吃一堑，长一智。记下让自己头疼的事情不是对自己的折磨，而是对自己意志的锻炼，是人成长过程中的重要财富。

4. 找到一位可以信赖的师长或者朋友，请求他的监督

行为的改变是一个艰巨的任务，需要付出许多努力。找一个可以信赖的师长或朋友，请求他的监督。

注意事项

不要对自己过于苛刻。自省是一个人完善自我所必需的一种精神，但是过于苛刻就是一种病态。人非圣贤，孰能无过。要勇于去改正缺点，但也要给自己时间，欲速则不达。

闻鸡起舞：学习要拒绝拖延

成语释义

闻鸡起舞，原意为听到鸡啼就起来舞剑，后来比喻有志报国的人即时奋起。

本计策中，是指在学习过程中要拒绝拖延。

成语故事

闻鸡起舞的成语来源于《晋书·祖逖传》："中夜闻荒鸡鸣，蹴琨觉，曰：'此非恶声也。'因起舞。"另外在《资治通鉴》中也有这样的记载。

在晋代有个叫祖逖的年轻人，他小时候是个不爱读书的淘气孩童，但是步入青年后，他发现自己的知识量十分匮乏，深感不多读书就无法报效国家。

于是他开始发奋读书，认真学习历史并且广泛阅读各种不同种类的书籍，从而汲取了丰富的知识。直到他几次进出当时的都城洛阳后，和他有接触的人都认为他是一个能够辅佐帝王更好治理国家的人才。曾有人在祖逖 24 岁的时候推荐他去做官，但祖逖并没有答应，而是更加坚持不懈地读书学习。

后来，祖逖和朋友刘琨一同担任司州的主簿。祖逖和刘琨感情甚笃，经常同床而卧，同被而眠，而且他们还有一个共同的目标，就是收复故土、建功立业、复兴晋国。有一天半夜，祖逖在睡梦中听到了公鸡的叫声，于是他就一脚把睡在旁边的刘琨踢醒，对他说："你听见鸡叫了吗？"刘琨说："半夜听见鸡叫不吉利。"祖逖却说："我偏不这样想，咱们干脆以后听见鸡叫就起床练剑如何？"刘琨欣然同意。自此之后，他们就每天闻鸡鸣而练剑，冬练三九夏练三伏，从不间断。就这样，祖逖和刘琨成为既能文又能武的全才。最终祖逖被封为镇西将军，并率军北伐，实现了他报效国家的愿望；而刘琨也官至司空、并州刺史，充分发挥了他的文才武略。

祖逖简介

祖逖（266 年—321 年），字士稚，范阳遒县（今河北涞水）人，是东晋著名军事家，也是有志于恢复中原故土，致力于北伐的著名将领。他出身于北地大族祖家，世代皆有领俸两千石的高官，其父祖武曾任上谷太守。父亲去世时，祖逖还小，他的生活由几个兄长照料。祖逖的性格活泼开朗，好动不爱静，十四五岁了也没读过多少书，几个哥哥为此都很忧虑。但祖逖为人豁达，讲义气，好打抱不平，深得邻里好评。他常常以他兄长的名义，把家里的粮食、布匹捐给受灾的贫苦农民。祖逖成年之后，博览古今各类书籍，被人称为赞世之才。

晋愍帝即位后，命司马睿率军北上，司马睿封祖逖为奋武将军及豫州刺史，于是祖逖带着司马睿的千人军粮和三千布匹，毅然踏上了北伐之路。祖逖带着随同他一起来的几百乡亲，组成一支队伍，横渡长江。船到江心的时候，祖逖拿着船桨在船舷边拍打，向大家发誓说："我祖逖如果不能扫平占领中原的敌人，决不再过这条大江。"他激昂的声调和豪壮的气概使随行的壮士个个感动，人人激奋。

祖逖渡江后第一步是打造兵器，招兵买马；第二步是广泛联络，搞好统战；第三步才是逐步北进，收复失地。祖逖的军队一路上得到了人民的支持，迅速收复了许多失地。祖逖与石勒交锋几次后，基本形成了以黄河为界的对峙局面。

遗憾的是，正当祖逖暗中积蓄力量准备打过黄河去消灭后赵时，先是东晋另派戴渊为征西将军领导祖逖夺取权力，接着又传来王敦与司马睿闹不合的消息，祖逖一边担心内部分裂的问题，一边忧心于北伐军情，因此身心疲惫，一病不起。不久后，祖逖便在雍丘病逝，享年 56 岁。

心理分析

生活中，我们都会面临时间和事件的"双重催促"，这个双重催促有时是外界的改变造成的，但更多的是我们自己造成的。

在面对时间和事件的两难选择时，大多数人不会选择立刻将事情做完，反而选择"两耳不闻窗外事"，一心只想"拖拖拖"。为此网友们创造了一个新名词——拖延症。在了解拖延症前我们先讲一个故事：

据说森林里有一种样貌比孔雀更美丽，声音比黄莺更动听的鸟类，它有一个特点就是非常喜欢睡觉，每天什么也不做，只躺在崖缝睡觉。在其他的鸟类储藏食物时，它在睡觉，秋天到了，天气转凉了，有的鸟类飞去了南方，剩下的鸟类筑巢以抵御寒冬，它仍然不为所动继续睡觉。见此，它的邻居喜鹊说："别睡觉了，天气这么好，赶快垒窝吧。"它不听劝告，躺在崖缝里对喜鹊说："你不要吵，太阳这么好，正好睡觉。"

冬天说到就到了，寒风呼呼地刮着。喜鹊住在温暖的窝里，它在崖缝里冻得直打哆嗦，悲哀地叫着："哆罗罗，哆罗罗，寒风冻死我，明天就垒窝。"

第二天清早，风停了，太阳暖烘烘的。喜鹊又对它说："趁着天气好。赶快垒窝吧。"它还不听劝告，伸伸懒腰，又睡觉了。当天晚上，北风又刮了起来，还下起了大雪，它又发出哀号："哆罗罗，哆罗罗，寒风冻死我，明天就垒窝。"天亮了，阳光普照大地。喜鹊在枝头呼唤邻居，但是可怜的鸟儿已经在半夜里冻死了。

事实上，拖延并不是医学或心理学上认证的一种疾病。拖延症（procrastination）是指自我调节失败，在能够预料后果有害的情况下，仍然把计划要做的事情往后推迟的一种行为。国际拖延症研究领域权威蒂莫西·皮切尔也在《战胜拖延症》中写道："拖延症是一种结果有害，不必要的自愿推迟。"

工作和生活中拖延的情况比较常见，很多人对此非常苦恼。BBC 在 2014 年的一份报告中显示，95% 的人只是偶尔拖延，20% 的人则是习惯性拖延，不断拖延工作令自己的生活变得一团糟。有拖延习惯的人常常会找外部理由：同级不配合，下级不主动，上级高标准，客户太挑剔，条件不具备……久而久之，会导致习惯性自责及自我否定。

引起拖延症的首要关卡是畏难情绪。许多年轻人处在社会与校园的交界状态，知识与经验不足，面对快节奏的生活往往手忙脚乱，产生畏难情绪，进而拖延进度。也有的人在遇到事情时，经常会为自己寻找各种理由进行"拖延"，以避免那些未知的困难。

第二关卡是完美主义。拖延的人往往没有意识到他们是完美主义者。为了证明自己足够优秀，他们常常对自己有不现实的要求。当无法实现这样的要求时，他们就会变得不知所措，失望之余，会通过拖延让自己从中退却。

第三关卡是"普瑞马克定律"。普瑞马克定律是指用很有可能发生的活动来强化不大可能发生的活动。我们先做不喜欢的工作，然后再做喜欢的工作的整体效率要比先做喜欢的工作，后做不喜欢的工作效率高。但在实际生活中，人们更倾向于先完成喜欢的工作，后完成不喜欢的工作。

本杰明·富兰克林曾经说过："千万不要把今天能做的事留到明天。"成功人士为了避免拖延，会想出很多"别开生面"的办法。据说，法国浪漫主义作家维克多·雨果会赤身裸体地写作。为了让自己能安心写作，他让管家把自己的衣物藏起来，这样他在写作的时候就无法外出了。贝多芬为了让自己的生活变得有条理，则是通过记事本来维持最基本的生活和创作。

通常有拖延症的人责任感较低，他们往往沉浸于完美主义和想象中，不愿意正视现实。但是严重的拖延症会对个体的身心健康带来消极影响，如出现强烈的自责情绪、负罪感，不断地自我否定、贬低，并伴有焦虑症、抑郁症等心理疾病，一旦出现这些状态，需要引起足够的重视。

幸福之计

如何克服拖延症呢？

1. 确立一个可操作的目标。不要异想天开，要从小事做起。

2. 客观地（而不是按照自己的愿望）对待时间。当我们开始做一件事时，要问自己：这个任务将会花去我多少时间？我真正能抽出多少时间投入其中？

3. 只管开始做。不要想一下子做完整件事情，每次只要迈出一小步。时刻牢记"千里之行始于足下"，而不是"我一坐下来就要把事情做完"。

注意事项

克服拖延的过程中，要注意时间的分配和管理，切忌过于求成。

韦编三绝：学习要有目标和方法

成语释义

　　韦编三绝这个成语的本意是，编联竹简的皮绳断了多次。比喻读书勤奋。

　　在本计策中主要是指学习要有目的和方法。

成语故事

　　韦编三绝这个成语来源于《史记·孔子世家》一书："孔子晚而喜《易》……读《易》，韦编三绝。"孔子由于多次读阅《易经》一书，而导致用来编联竹简的熟牛皮绳竟然断了许多次。后来多用于形容人们读书刻苦、勤奋。

　　在春秋时期，书籍主要记载在竹简上。因为一根竹简上只能写下几十个字，所以制作一部书籍需要大量的竹简。而且竹简与竹简之间需要按照章节次序连接起来才能够成为一部完整的书籍。这些用来连接各枚竹简的绳线材质可以大致分为三个种类，用丝线连接的叫"丝编"，用熟牛皮绳连接的叫"韦编"，用麻绳连接的叫"绳编"。这其中又以熟牛皮绳最为结实耐用，所以一些像《易经》那样的长篇书籍都会采取韦编的方式进行制作。

　　孔子一生游历诸国，到了晚年时期尤其专注对《易经》的深入研究。

孔子不停地翻阅竹简进行多次阅读，在原有基础上做了很多附注，把用于连接各枚竹简的熟牛皮绳都磨断了好几次。这个典故多用于比喻读书学习的勤奋用功。事实上，即使读书读到把竹简的牛皮绳都磨破数次，孔子还是说："假如让我多活几年，我就可以更好地掌握《周易》的文与质了。"

心理分析

通过学习，我们不仅能够解答某些疑惑，还可以了解一些有趣之事，开阔自己的视野。但学习的内容并不是越多越好。钱锺书 6 岁就会背诵《大学》，但 40 岁才懂其真意，所以读书不在多而在精。我们需要反复琢磨其中的韵味和深意，这才是学习所要达到的境界。

学习可以是一件复杂的事情，也可以是一件简单的事情。出于不同的目的，人们对学习的态度也会有所不同。如果学习是出于内心需求，在经过学习而有所得的时候，他就会由衷喜悦，将痛苦抛诸脑后；如果是为了满足他人的期望，那对于学习他就会感到"压力山大"，只要没有完成预期的目标，即使是获得了第一名，心情也是沉重的。所以学习中的"苦"与"乐"很大程度上是由学习目标决定的。

明确学习的目的让我们在前进时更为容易。然而在学习时，经过他人传授的知识通常是容易被人遗忘的。

正所谓"工欲善其事，必先利其器"，如果我们想做好一件事，很重要的一点就是拥有精锐的工具。对于学习而言，适宜的学习方法就是利器，如果仅停留在苦学、勤学的水平上，将很难应对学业。下面给大家介绍三种方法以供借鉴：

1. 改变传播方式

比如古人在学习时，常常将那些朗朗上口的诗词，变成曲调，通过吟唱的方式传播，从而让那些优秀的诗文广为流传。现在人们为了识记，也会编些小曲或者故事让知识鲜活起来。

2. 温故知新

在《论语》的开篇，孔子用"不亦说乎"来感叹"学而时习之"的喜悦。拥有丰富读书经验的人，明白一本好书在不同的时期看，都会有不同的体会和领悟。

学习也是如此。每一次的温习，由于人生经历的改变，或者是读书心境的变化，会让我们在同一个地方有不同的感受，或者是同样的体会却会变得更加深刻，甚至是发现新的感悟点。

3. 在学习时心怀"空杯"

空杯心态是指人在学习时，放下一切烦恼焦虑，抛去过往的经验，就像重新开始一般去进行学习，从而获得不一样的收获。一代武学宗师、功夫巨星李小龙也非常推崇这种心态，他说："清空你的杯子，方能再行注满，空无以求全。"

当然还有许多学习方法，诸如提纲挈领法、快速诵读法、理解记忆法、求同存异法、五次反复法、三步记忆法等。在学习过程中，不同的人根据自身的经验，有不同的学习方法，在不同学科的学习上，方法也会多有不同。我们需要找到适合自己的学习方法。

身处科学技术、信息、知识等迅速爆发与传播的时代，我们每天所接触的信息不知道有多少，所要学习的知识也不知道有多少。不论我们能够学到多少知识，唯有能够实际运用，才是我们所需要的。

因而，在学习的过程中，我们一定要明确自己的学习目标，并且用正确的方法进行学习，这样我们才能在学习之后有所收获。

幸福之计

在学习过程中，我们需要确认两点：

1.学习目的。我们要明白进行学习的初衷是什么，是为了获得某种成就，还是为了解答某种疑惑，或者是为了获得乐趣。不同的学习目的有不同的学习方法。

2.学习方法。我们要带着问题去学习，这样学习才更有针对性。

注意事项

1.学习的目的并不一定是出于某种功利的要求，也可以是出于自己的喜爱。但切忌盲目学习。

2.学习更多的是从自身需求出发的。因而在学习过程中，我们应该发挥自觉性。

暗度陈仓：在学习中要避免从众，做到自觉自律

成语释义

暗度陈仓，指从正面迷惑敌人，从侧翼进行突然袭击。亦比喻暗中进行活动。陈仓，古县名，在今陕西省宝鸡市东，为通向汉中的交通要道。

在本书中，此计策是指在学习中要避免从众，做到自主学习。

成语故事

暗度陈仓这一成语出自《史记·淮阴侯列传》，是声东击西、出奇制胜的一种行动策略。"明修栈道，暗度陈仓"也是古代战争史上出奇制胜的一个成功战例。

秦朝在秦二世胡亥昏庸残暴的统治下民不聊生，各路豪强并起。在经历了陈胜吴广的大规模农民起义后，群雄之中又以项梁的侄子项羽和沛县的刘邦最为出众。为推翻秦王朝的残酷暴政，楚义帝与诸强约定谁先攻入咸阳即为王。之后，刘邦的汉军首先进入关中，攻下了秦都咸阳。势力更为强大的项羽进入关中后马上逼迫刘邦退出关中，刘邦处境艰难，更是险些命丧于鸿门宴。

刘邦为了麻痹项羽、脱离危险，只得率领部队退回汉中。为了表达自己无意天下的决心，刘邦更是在退走时烧毁了汉中通往关中的栈道，但在其内心从来不曾忘记要击败项羽，夺取天下。项羽由于分封

不公和派人刺杀楚王的举动，造成了各国的起兵叛乱。趁着项羽外出平乱之际，刘邦遣韩信领兵东征关中。在大军出征之前，韩信差遣士兵去修复之前被烧毁的栈道，摆出一副要原路杀回的姿态。关中的楚军得知这个消息后，密切关注栈道的修复进展情况，并派遣主力部队把守在栈道的各个关隘以进行防范。

至此为止，韩信的"明修栈道"取得了巨大的成功。由于楚军的注意力集中于栈道一线之上，韩信的大军迅速绕道陈仓对楚军发动了突然袭击，一举打败了雍王章邯，进而平定三秦，为以后刘邦统一全国打下了坚实的基础。

韩信简介

韩信（约公元前 231 年 – 公元前 196 年），汉族人士，淮阴（原江苏省淮阴县，今淮阴区）人，西汉的开国功臣，杰出的军事家，与萧何、张良并列为汉初三杰。

在楚汉相争的阶段，韩信充分发挥了卓越的军事才能。韩信一生灭魏、胁燕、破代、平赵、定齐，参与了秦末汉初的很多战役。其中暗度陈仓定三秦、京索之战、安邑之战、井陉之战、潍水之战和垓下之战都是韩信指挥的经典战役。韩信的战法特点就是"兵无常势，水无常形"，后人称之为"兵仙"。

刘邦一统天下建立汉朝后，解除了韩信的兵权，改封韩信为楚王，定都下邳。汉六年，韩信被人以谋反之罪告发，被贬为淮阴侯，后来吕后与萧何合谋在刘邦外出讨伐叛军之时将其骗入长乐宫中，斩杀于钟室内，并诛杀了韩信的三族。

心理分析

　　现在孩子的教育问题越来越受到家长的重视。为了不让孩子输在起跑线上，家长们对培养"天才""神童"的早期教育趋之若鹜。

　　家长们很早就为孩子制订了详细的"培养计划"，让孩子学汉字、电脑、绘画、舞蹈、钢琴、外语等；为了给孩子提供良好的教育环境，父母们不吝重金满足孩子的一切需求，有财力和没有财力的父母都会把最大限度地满足孩子的需求当作自己的神圣使命。

　　当然教育不仅是孩子的培养重点，也是让许多成年人头疼的话题。为了让自己的职业之路走得更顺更长，许多成年人也开始不停地参加各种培训班、考证班。虽说活到老，学到老，想进步的心情大家可以理解，但我们自己也要做好选择，不能人家说好你也说好，人家说学你也去学。

　　其实这种现象背后反映了从众心理。从众是指个体在社会群体的无形压力下，不知不觉或不由自主地与多数人保持一致行为的心理现象。曾经有位心理学家做过这样一个实验：

　　实验被试者共有10人，其中9人是心理学家的助手，另外一个是真正的被测试者。心理学家在黑板上先画了ABC三条长短不一的线段，然后又画了一条X线段。X线段明显跟B线段长度一样。

　　心理学家问："请问X线段跟ABC中哪条线段一样长？"其他9个人抢着回答："A。"那个被测试者没有说话。心理学家又问了一遍："刚刚好像有人没有回答，我再问一遍，X线段跟ABC中哪条线段一样长？"其他9个人又异口同声地回答："A。"于是，心理学家问那个被测试者："我好像没听到你的回答。你觉得X线段跟哪条线段一样长呢？"那个被测试者目光躲闪着，有些不确定地说："应该是 A 吧。"

这就是从众心理。X 线段明明跟 B 线段一样长，是一眼就能看出来的。但是，因为另外 9 个人都觉得是 A 线段，这个测试者就对自己产生了怀疑。从众，让他放弃了自己原本正确的选择。

盲目的从众行为，会抑制个性发展，束缚思维，扼杀创造力，从而使人变得无主见和墨守成规。但从众并不是百害而无一益的，个体适当的从众行为有助于学习他人的智慧经验，扩大视野，修正自己的思维方式，减少不必要的烦恼或误会。例如当一个人到了某地时，若不"入乡随俗"，往往寸步难行。但从自身发展角度来说，从众行为是弊大于利的。

那为什么会产生从众心理呢？主要有两点原因：

1. 群体因素和情境因素

现今时代对人才的要求越来越高，人们迫于这样的压力，同时也伴随着类似现象的频繁发展，他们不得不为之。

2. 性格因素

喜欢从众的人一般都自信心不足、性格软弱、没有太多的主见。在面临选择的时候，他们"知其然，不知其所以然"，盲目地跟从。

我们没法控制群体因素和情境因素，所以要想避免从众，最重要的就是增强自信、克服软弱的性格。这当中有一个关键词就是自我意识的建立。

自我意识是个体对自身的认识和对自身与周围世界关系的认识，主要包括三个方面：

（1）个体对自身生理状态的认识和评价。主要包括对自己的体重、身高、身材、容貌等表像和性别方面的认识，以及对身体的痛苦、饥饿、疲倦等感觉的感受。

（2）对自身心理状态的认识和评价。主要包括对自己的能力、知识、情绪、气质、性格、理想、信念、兴趣、爱好等方面的认识和评价。

（3）对自己与周围关系的认识和评价。主要包括对自己在一定社会关系中的地位、作用，以及对自己与他人关系的认识和评价。

鲁迅先生曾经说过："人贵有自知之明。"自我意识较强的个体，对自己的整体状态会有一个较为客观的评价，也能从社会的处境中判断自己的处境。因而在生活中，他会更有自主性的选择，而不是盲目跟从。

曾经有个村子盛产石头，村民们都去山里捡石头，卖给建筑商人。有一个青年，在路边给大家提供茶水，条件是他们从自己的石头里面，挑出一块形状奇怪的来作为交换。

背石头的人都认为这样的交换没有什么损失，欣然应允。这个青年后来把那些奇形怪状的石头卖给花鸟商人做盆景。一块石头的价格，比得上一筐石头的数十倍的价格。

后来，村里的青年们靠种梨树卖梨子招来八方客商，一筐筐的梨子远销全国各地。大家都在为小康生活欢呼的时候，那个卖奇形怪状石头的年轻人，砍掉了所有的梨树，种起了柳树。原来他发现，客商们不愁买不到梨子，但他们却缺少装梨子的柳条筐。

由此可以看出，在现今竞争日益激烈的社会大环境里，面对新世纪的挑战，我们除了要跟上时代的要求外，还需要灵活思考，从中找出适合自身发展的机遇，这样才有可能走向成功。

学习上也是如此。在不偏离社会发展需求的前提下，我们在制定人生目标时，不仅要结合自己的实际情况和发展需求进行选择，并以此为依据制订自己的学习计划和目标，还要做到自觉、自律和自主。

另外，由于社会发展的潮流并不是固定不变的，我们需要用长远的眼光来看待社会的发展。一个有远见之人，必定能够积极主动地学习，并且能够持续学习，终身学习。

幸福之计

在自主学习过程中，要做好以下几点：

1. 制订计划。并严格按照这个计划开展学习。

2. 要建立目标意识。确立一个目标，有利于学习中的坚持（必做）。

3. 要确定范围。从所用的教材到知识面要先确定下来，除特殊情况外，一般不能改动，不能今天以这为主，明天又改成以其他的为主了。

4. 注重学习的氛围和环境。可以和好朋友一起开展学习上的比赛，让学习的氛围活起来。

5. 自我检查和反省。找出自己自主学习中出现的问题和漏洞并改正。

注意事项

1. 在学习的过程中，切忌过犹不及，因此我们在制订计划的过程中，要注意劳逸结合。

2. 切忌方法不当，正确学习方法的指导和运用，能够保证个体的学习效率和质量。

3. 避免不良的学习习惯。良好的学习习惯，能够提高学习的质量。

转识成智：实践出智慧

转识成智，源自佛教语言，本意是指将知识转化成自己的内在智慧。

本书中，此计策是指一个人所学习的知识经验，只有经过自身的实践才能成为自己的智慧，所以在学习的过程中也要注重实践。

按照著名哲学家冯契先生的观点，知识是"以物观之"，智慧则是"以道观之"；从无知到有知、从知识到智慧，这是人类认识过程的两个必要阶段。

在他看来，之所以需要由知识到智慧的飞跃，有两个理由：

1. 智慧是关于天道、人道的根本原理的认识，是关于整体的认识。知识所注重的是彼此有分别的领域，是分别用命题加以陈述的名言之域，只有通过飞跃，才能把握关于整体的认识。

2. 转识成智是一种理性的直觉，是在理性的照耀下给人以豁然贯通之感的直觉，从知识到智慧，是在理论思维领域中贯通并体验到无限的、绝对的东西。

心理分析

曾经的一句"知识改变命运"，让很多人把读书看成了改变命运的"护身符"。在今天这个高速和高度"知识化"的社会里，人们的职业、财富、权力、名誉、地位，乃至教养、举止、风度、格调等，无一不是通过知识获得的。这更加验证了知识改变命运的真理。

一个人如果没有一定的专门（专业）知识，尤其是没有获取这种知识的能力、环境和机遇，那么他很可能会受到歧视，也可能不会有好的就业机会。

那什么是知识呢？《中国大百科全书·教育卷》对"知识"是这样解释的："所谓知识，就它反映的内容而言，是客观世界在人脑中的主观印象；就它反映的活动形式而言，有时表现为主体对事物的感性知觉或表象，这属于感性认识；有时表现为关于事物的概念或规律，这属于理性认识。"

因此可以说，学习知识是我们认识事物的根本，也给我们的实践提供了经验。同时通过知识的学习，我们可以获得谋生的办法，甚至在知识升华以后，我们能以此修身养性。

然而在学习的过程中，由于大多数知识之间没有连接，我们很难进行贯通和整合，并且知识会时常更新，我们很难做到及时掌握。因而，从古至今都存在着一个非常奇怪却有其合理性存在的现象——专注知识而忽略智慧。

在"万般为下品，唯有读书高"的古代，人们虽然敬重却也看不起读书人，称他们为"穷酸书生""掉书袋"等。现代社会的人们也有一样的看法，一方面，人们对于学历高的人十分钦佩，另一方面，部分人很多时候却不愿意与高学历人士共事。

造成这种现象的原因有两点：

1. 从教育的角度来说，家长和教师对于孩子更多的是知识的灌输，而缺少智慧的引导，这正像英国教育家怀特海说的，"从古人向往追求神圣的智慧，降低到现代人获得各个科目的书本知识，这标志着在漫长的时间里教育的失败"。

2. 从个体的角度来说，人们缺少对知识学习的反思，缺少对知识与自己、世界关系的反思，这样就无从谈起对知识的创新了。没有创新，知识是没办法转化为智慧的。

人类掌握知识的主要目的，是把知识应用于社会的生产与生活中，而在知识运用的过程中，智慧扮演着重要角色。当然很多人也会把智慧作为学习的终极目标。正如洛克所言，"智慧使得一个人能干并有远见，能很好地处理他的事务，并对事务专心致志。"

知识能够诱发智慧，是打开智慧大门的钥匙，但知识不等于智慧。因而，在"转识成智"的道路上，我们不仅要进行学识的积累，还要将知识加以实践，转化成自己的能力、经验，使之成为智慧中的一部分。

学习的主要作用是致用，只有当知识转化成能力和智慧的时候，才能真正彰显知识的力量和价值！

幸福之计

在实现"转识成智"的过程中，需要我们做到以下几点：

1. "知道"

这是我们接触新知识的第一步，也是学习的开始。如学习外语单词，你首先得了解它的基本词义是什么，读音如何等。

2. "悟道"

即"知所以然"，是由感性上升到理性的认知过程。当我们看到一个人成功后的鲜花与掌声时，我们也要了解他背后的付出与牺牲，也就是他能够成功的原因。

3."做道"

"做"是一个实践与体验的过程，也是发挥大脑潜意识能量的过程。我们需要做的就是放下理性的思考与判断，百分百地参与其中，在实践中使知识得到升华。

4."教道"

透过教学相长，可以使认知与行动高度整合，从而进一步加深对知识的认识。

5."得道"

也就是智慧获得阶段。通过之前的磨炼，将知识融入自己的经验中，能够做到对知识运用自如。

注意事项

并不是所有的知识经验都需要转识成智。有时候我们也可以通过吸取他人的经验，获得智慧。

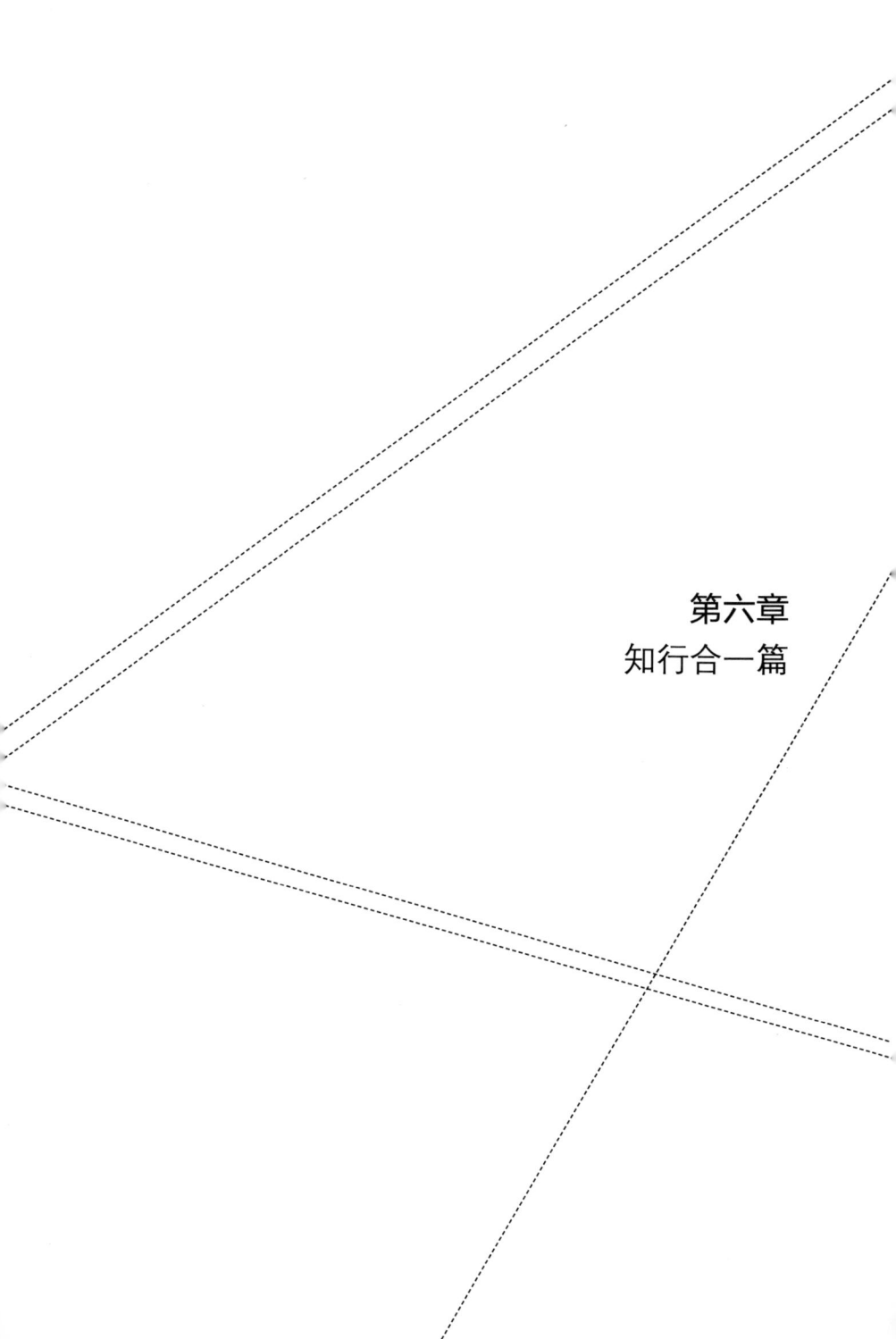

第六章

知行合一篇

知行合一是由明朝思想家王阳明提出来的。即谓认识事物的道理与在现实中运用此道理是密不可分的。这是中国古代哲学中认识论和实践论的命题，古代哲学家认为，不仅要认识（知），尤其应当实践（行），只有把"知"和"行"统一起来，才能称得上"善"。

我们知道，认知的形成是需要行为的实践来加深的，而行为也是在认知的指导下进行的。两者是一个统一体，不能顾此失彼，轻视一方。

然而在现实中，经常出现思想和行动不一致的情况：要么行动跑在了思想之前，要么思想跑到了行为之前。思想与行动的不同步，就容易让人迷失方向，找不到前进的动力。

本篇章旨在告诉人们，不仅要认知，还应当实践。只有知行合一，才能真正获得成长，取得成功。

当然，要做到知行合一，还需要懂得其中的计策：

第一计，"志在四方"，我们要建立属于自己的志向。

第二计，"潜龙勿用"，建立志向之后，我们要进行规划。

第三计，"否极泰来"，我们要时刻保持积极的心态。

第四计，"孜孜不倦"，我们需要坚持到底。

第五计，"心无旁骛"，我们需要提高注意力。

第六计，"知行合一"，我们需要进行选择，让知行不偏离。

志在四方：树立远大目标

成语释义

志在四方，字面意思是一个人的志向在于天下，后来用于形容有远大的抱负和理想。

本书中，此计策是指给自己树立一个远大的志向。

成语故事

"志在四方"是由"四方有志"衍变而来的。"四方有志"出自秦朝孔鲋撰写的《孔丛子》。

战国时期，鲁国的孔穿去赵国游历，跟平原君门下的宾客邹文和季节结成好友。孔穿回国时，邹文、季节二人整整送行了三天，临别时，两人泪流满面，对孔穿依依不舍。但孔穿只是淡淡地对他们做了个揖便头也不回地离开了。孔穿的学生认为他太不近情理，孔穿却不以为然地说："我原以为他们是大丈夫，现在才知道他们像女人一样，竟婆婆妈妈。人立于天地间，应有'四方之志'，为实现自己的理想，应以四海为家，怎么能儿女情长，整天聚在一起呢？"孔穿的学生不住地点头称赞，对老师更加敬重了。后来人们将"四方之志"引申为"志在四方"。

成语"志在四方"出自春秋·左丘明《左传·僖公二十三年》。

春秋时期，晋国国内发生皇族斗争，晋公子重耳逃亡国外，最后逃到了齐国。在齐国期间，齐桓公对重耳以及追随重耳的人都十分优待，还将自己的女儿齐姜许配给重耳为妻，重耳在齐国的日子过得十分舒坦，一住就是 7 年，再也不想回去了。

齐桓公死后，齐孝公继位，做了齐国国君，齐国开始衰弱。跟重耳出逃的随从人员对重耳胸无大志、毫无打算的样子早已深怀怨念，很是着急。这时，他们便偷偷地商议，设法让重耳离开齐国。不料，姜氏的一个女仆听到了这一秘密，并即刻报告给了姜氏。姜氏听了，当即杀死了女仆，然后对重耳说："你心怀四方大志，这很好。你放心去吧，我已经处死了听到你们秘密商议的女仆。"重耳一听很惊讶，马上表明态度道："我没有打算离开你，也没有打算离开齐国啊！"姜氏眼看丈夫不听劝告，便和随从等人商量了计策，用酒将重耳灌醉，乘机将他运上马车，送出了齐国。

后来，重耳在外游历锻炼了几年，在他 62 岁那年终于回到了晋国，继任国君之位，成为春秋时期著名的晋文公。

孔穿简介

孔穿，字子高，战国时期鲁国人，今山东省人。他是孔箕的儿子，孔子的第五代子孙，终年 51 岁。他曾与春秋战国时期著名的思想家公孙龙公开辩论而从此成名。

晋文公简介

晋文公（前 697 年—前 628 年），姬姓，名重耳，是春秋时期晋国的第二十二任君主，前 636 年至前 628 年在位，是晋献公的儿子，其母亲是翟族狐氏女子。晋文公文治武功卓著，从小就喜欢结交贤士，身边聚集了不少能人异士，其中最著名的是：赵衰、狐偃、贾佗、先珍、魏武子等人。

骊姬之乱时重耳被迫在外流亡 19 年，前 636 年春，在秦穆公的支持下回到晋国，杀晋怀公重夺王位。他在位期间实行通商宽农、明贤良、赏功劳等政策，作三军六卿，使晋国国力大增；对外联合秦国和齐国伐曹攻卫、救宋服郑，平定周室子带之乱，受到周天子赏赐。前 632 年，他在城濮大败楚军，并召集齐、宋等国于践土会盟，成为春秋五霸中第二位霸主，开创了晋国长达百年的霸业，也是先秦五霸之一，与齐桓公并称"齐桓晋文"。

心理分析

梦想，一直以来都是人们内心美丽的期望。不同的时代、不同的时期，人们会拥有不同的梦想。

在诗人中，李白的梦想是"登鸾车，侍轩辕，遨游青天中，其乐不可言"；杜甫的梦想是"安得广厦千万间，大庇天下寒士俱欢颜"；陆游的梦想是"王师北定中原日，家祭无忘告乃翁"……

在科学家中，毕昇为实现让寒士能人人手握书本的梦想，经过刻苦钻研，最终发明了活字印刷术；爱迪生为实现照亮世界的梦想，历经几百次上千次失败，只为选择合适的灯丝；莱克兄弟为了实现人类飞天的梦想，历经千辛万苦，最终制造出了载人飞机……

人因为拥有梦想而伟大。一个人如果连自己的梦想都不清楚，那么他最终将会一事无成，等到老的时候，他可能会发出这样的感想：

当我年轻的时候，我梦想改变这个世界；当我成熟以后，我发现我不能够改变这个世界，我将目光缩短些，决定只改变我的国家；当我进入暮年以后，我发现我不能够改变我的国家，我的最后愿望仅仅是改变我的家庭，但是，这也不可能。当我躺在床上，行将就木时，我突然意识到：如果一开始我仅仅去改变自己，然后，我可能会改变我的家庭；在家人的帮助和鼓励下，我可能会为国家做一些事情；然后，谁知道呢？我甚至可能改变这个世界。

那梦想究竟是怎么回事呢？

从心理学的角度来说，梦想是一种需要，这种需要在马斯洛看来可以分为低中高三个层次，最低层次的梦想是物质需要，中等层次的需要是安全需要、情感需要和自尊的需要，而最高层次的需要是自我实现的需要。

对于那些身处社会底层的人来说，吃饱穿暖就是他们最大的梦想，这是最底层的梦想；而对于现在很多人来说，他们在温饱之时努力拼搏，是为了获得安全感，获得他人的爱和尊重，这是中层的梦想；然而还有一部分人，他们将自己的梦想与国家的发展、民族的命运结合在一起，努力成为科学家、军人、医生……最终达到自我的实现，这是最高层次的梦想。

那我们应该如何实现自己的梦想呢？

《礼记·大学》告诉我们："古之欲明明德于天下者，先治其国；欲治其国者，先齐其家；欲齐其家者，先修其身；欲修其身者，先正其心；欲正其心者，先诚其意；欲诚其意者，先致其知，致知在格物。"

所以，要想实现梦想，必须要树立一个切实可行的目标，从自身做起，从小事做起。

幸福之计

一个人只有拥有了志向，才能在这个充满诱惑的世界中坚定自己的梦想。但这个志向需要满足三个条件：

1. 它是能够与个人的发展、祖国的命运、人类的前途结合起来的。

2. 它应该是同时满足自我需要和社会需要的。

3. 它是能够将自我价值和社会价值结合起来的。

注意事项

1. 所建立的志向是可以进行实际操作的，而不是侃侃而谈所捏造出来的。

2. 所建立的志向是可以符合长远发展的，而不是短期时间内可以轻易实现的。

3. 确立志向后，避免好高骛远，眼高手低，要做到持之以恒。

潜龙勿用：人生规划与厚积薄发

成语释义

潜龙勿用，出自《易经》第一卦乾卦的象辞。这个卦辞本义指隐潜于水中的龙力量弱小，暂不宜有所作为，隐喻事物在发展之初，虽然势头较好，但比较弱小，所以应该小心谨慎，不可轻动，等到时机成熟之后再有所为。

作为本计策，是指要有自己的人生规划，并能够做到顺其自然地发展。同时学会克服生活、工作中的逆境。

成语故事

潜龙勿用，隐喻事物在发展之初，虽然势头较好，但比较弱小，所以在潜伏时期还不能发挥作用，必须坚定信念，隐忍待机，不可轻举妄动。时机未到，如龙潜深渊，应藏锋守拙，待机而动。

在《论语·先进》"侍坐章"中记载，有一天，孔子与几位学生坐在一起闲聊，孔子忽然问几位弟子将来的志向。

子路忙说："一个有着千乘兵车的国家，却夹在大国之间，屡受侵犯，又遇饥荒。若让我治理这个国家，三年的工夫，我就可以让这个国家里的每个人都勇敢善战，并懂得做人的道理。"子路的话表明了他有建功立业的志向和气魄，但孔子什么都没有说，只是微微一笑。

接下来，冉求说自己愿意在一个小地方做百姓的父母官。轮到公西华时，他说："我不敢说我以后能做些什么，不过我愿意坚持不懈地学习。"

三个人表达完各自的志向以后，在一旁弹琴的曾皙停下来，起身不急不忙地说道："我的志向嘛，就是在暮春时节，穿上春天的衣服，和五六位成年人，六七个少年，到沂河里洗洗澡，在野外吹吹风，然后唱着歌儿回家去。"

孔子连忙点头，感叹道："我欣赏曾皙的志向啊！"

曾皙简介

曾点，字皙，又称曾皙，春秋时期鲁国南武城人，"宗圣"曾参之父，孔子众弟子之一，孔门七十二贤之一，是孔子三十多岁时第一批授徒时收的弟子。曾点与其子曾参同师从孔子，曾自言其志，孔子颇为叹赏。

曾点喜欢弹琴唱歌。他信奉儒学，崇拜孔子，学习儒家学说，并付诸实践，但未与孔子周游列国。他痛恨当世礼教，立志改变现状，孔子认为他是有进取心的狂放之士。

心理分析

在志向的选择中，为什么孔子更倾向于曾皙的"莫春者，春服既成，冠者五六人，童子六七人，浴乎沂，风乎舞雩，咏而归"。在孔子漂泊的半生中，一直未能施展抱负。根据古人的不要盲目从政的思想，曾皙的志向更符合"潜龙勿用"的原则。正如他曾如此评价蘧伯玉："蘧伯玉这个人真是个君子！国家政治符合大道的时候，他就出来做官；国家政治不符合大道的时候，就能收敛、隐藏自己。"

"潜龙勿用"出自《易经》中乾卦的第一爻，接下来的五爻是"见龙在田、终日乾乾、龙跃于野、飞龙在天、亢龙有悔"，从人生发展的阶段来说，这六爻，代表的是不同时期的人生规划和目标定位。

第一爻，潜龙勿用，是指人生初始阶段。这个时期是积累的阶段，我们所需要做的就是学习知识和本领。即便他（她）就是一条龙，也需要潜。

第二爻，见龙在田，是指人生的准备阶段。这个时期人可以适当地展现自己，以期待遇到时机，遇见相助自己的贵人，但是在这个时期仍然需要做到不断地学习。

第三爻，终日乾乾，是指人生的开始阶段。在做事的过程中，即使辛苦也是应当的，不要急于求成，警惕自己缺点的暴露。

第四爻，或跃在渊，是指人生的上升阶段。人要尽情发挥自己的才能，让别人看到自己的优势，这个阶段就像"鲤鱼跃龙门"，飞过去了就能身价百倍，飞不过去就准备离休。

第五爻，飞龙在天，是指人生的高潮阶段。在自己最春风得意的时候，依然要做到不间断地工作、学习。

第六爻，亢龙有悔，是指人生的下降阶段。春风得意过后，要做到及时反省自己，不要盲目自大，多进行经验总结。

我们只有明白自己在人生的某个阶段需要做什么，才能在合适的时间做出正确的事，而不至于在度过时"碌碌无为"，过后又"悔时已晚"。为什么方仲永会从神童变成碌碌无为的寻常人？他缺少的就是对人生的规划。

人生规划，是指一个人根据社会需要，对自己的发展道路做出一种预先的策划和设计。规划的内容包括职业生涯规划、个人财产规划、情感规划、健康规划、时间规划、目标规划、知识管理规划，等等。

这里我们先说一下职业规划：

华东师范大学的吴薇教授在对大学生职业规划的研究中发现，认为"非常需要进行职业规划指导"的学生占全部被试者的 79.25%；"曾经为不了解自己的职业发展目标而烦恼，并且现在仍然不清楚"的学生多达 69.81%。当问及"你是否想过要实现自己的职业规划需要通过什么样的途径"时，回答"想过，但自己没有具体办法"的学生占全部被试者的 57.23%；回答"想过，并且很清楚"的只占 16.35%；另外，回答"没想过，走一步看一步"的占 22.01%。

不但大学生缺乏职业规划，学校的老师也存在这种现象：

大部分教师缺乏职业规划知识，只有 9.4% 的教师对"职业规划"的知识表示"很了解"。

大部分教师缺乏职业规划的内在动机，50.7% 的教师职业规划行为是源于外在的诱因——"晋升职称的需要""迫于社会或学校的要求""获得上级教育行政主管部门、学校或同行的认可"。

职业规划的培训或指导不能满足教师的发展需求，76.9% 的教师表示有参与职业规划培训或指导的意愿，但从实际来看，仅有 31.1% 的教师参与过这方面的培训或指导。

也许在我们小时候，还不明白什么是人生规划，所以由父母来帮我们做决定，规划我们的学习、我们成长的方向。但是我们长大懂事之后，就应该尝试自己去规划人生，规划职业生涯。

需要强调的是，人生规划只是我们期望的发展方向，现实不一定能够按照我们所设想的发展下去。古往今来，有多少大器晚成之人，相信这个迟到的成就并不是在他们预料之中的。但是他们能够不放弃自己的志向，能够锲而不舍地坚持下去，这就是值得我们推崇的。

这里重点说一下姜尚。姜尚是一个非常有能力的人，却在年过古稀之时才被周文王发现。也就是说，在之前的七十多年时光中，姜尚一直都处于郁郁不得志的状态。

但是姜尚并没有灰心，为了生存，姜太公做过宰牛卖肉的屠夫，也做过开店卖酒的商人，甚至还曾有过无米之炊时，但他仍然人穷志不短，始终勤奋刻苦地学习天文地理、军事谋略，研究治国安邦之道，期望有一天能为国家施展才华。他的付出也终有回报，在兴周灭商的战争中，他大展身手，为周朝的建立立下汗马功劳，被周文王封为"太师"（官名），被尊为"师尚父"。

倘若没有之前的默默积累，就不会成就后来的姜太公。正如时人对他的形容，"姜太公钓鱼，愿者上钩"，这当中所体现的就是"潜龙勿用"。

这些大器晚成之人，其实是在厚积薄发。当自己郁郁不得志时，能够忍耐生活中的不如意，坚持学习，坚持工作，始终不放弃自己的志向，静待一鸣惊人。

事实上，在人生的漫漫路途中，一定有一个阶段是需要我们耐心等待的，也就是"潜龙"阶段。在这个阶段，也许我们已经有了能够一展抱负的本事，但由于时机不当，我们还不能够有所行动；也许我们的能力虽已显现，但并不成熟，还需要持续积攒实力。

正如孔子所说的："吾十有五而志于学，三十而立。"这其中的 15 年时间就是潜心修炼的日子。因而我们为了更好地实现人生抱负，就需要"潜"，就应该"潜"。

幸福之计

在制订自己的人生规划，或者是职业生涯规划、学习规划时，我们需要做到以下几点：

1. 分析自己的需求，明确规划的目的。

2. 分析自己的性格、所处环境的优势和劣势，以及一生中可能会遇到的机遇，包括危机在内。明白局势后才能更好地做出规划。

3. 制定长期目标和短期目标。短期目标是在长期目标的基础上制定的。

4. 明确阻碍，即明确自身性格和生活工作中，存在哪些不利的因素，并列举出来，找到解决的办法。

5. 提升计划。计划需要有明确的目标、可实施的方案、确定的期限。

6. 寻求帮助。寻求外力的监督和协助，可以让我们的计划更加顺利地进行。

注意事项

在制订计划时要时刻围绕自己的目标进行，切忌离题。

否极泰来：学会用积极心态看问题

成语释义

否极泰来，意思是逆境达到极点，就会向顺境转化。通常是指坏运气到了头，好运就来了。

本计策用来指，在执行合一的规程中，我们要学会调整自己的心态，用积极的心态看待问题。

成语故事

否极泰来，出自《周易·否》《周易·泰》。东汉·赵晔《吴越春秋·勾践入臣外传》中有关于该成语的记载，"时过于期，否终，则泰"。

春秋时期，在吴国与越国的战争中，越国被打败，屈辱求和。越王勾践五年（公元前 492 年），勾践和大臣文种、范蠡按照战败协议去吴国做奴仆，大臣们都纷纷来到江边送行。

文种、范蠡劝慰勾践说："古人云：'处境如果不困厄，那么志向就不会远大；形体如果不忧愁，那么考虑就不会深远。'圣明的帝王、贤能的君主都会遭遇到灾难，蒙受到耻辱，他们的身体虽然被拘禁，但名望却很崇高，身体虽然受屈辱，声誉却很荣耀，他们处在卑下的地位而不消沉，处在危险的时刻却能安然处之。"

　　他们又说道："五帝尽管德行深厚，但还是遭受了洪水泛滥的忧患。周文王遭受欺凌和屈辱，身遭囚禁，痛哭流涕，而终能推演《易》而创六十四卦。时间过了一定的期限，厄运到达极点就转向了通达。诸侯都来救援文王，他的命运出现吉祥的征兆，最终起兵讨伐仇人而夺得天下。现在大王虽然处在危难和困厄之中，但谁能知道它就一定不是通达得志的征兆呢？"

　　后来越王勾践卧薪尝胆，发奋努力，终于一举战胜吴国，吴王夫差自杀，勾践得以称霸诸侯。

越王勾践的简介

　　越王勾践，姒姓，本名鸠浅，夏禹的后裔，越王允常的儿子，春秋末年越国国君，《荀子·王霸》认定的春秋五霸之一。

　　公元前 496 年，越王勾践即位，同年，大败吴师。越王勾践三年，被吴军在夫椒打败，被迫只能向吴求和。三年后被释放回越国，后开始重用范蠡、文种等人，使越国的国力逐渐恢复起来。越王勾践十五年，吴王夫差兴兵参加黄池之会，为了彰显武力而精锐齐出。勾践抓住机会率兵而起，大败吴师。夫差仓促与晋国定盟而返，与勾践连战几回都以惨败告终，不得已只能与越议和。越王勾践十九年，勾践再度率军攻打吴国，在笠泽交战，三战三捷，大败吴军主力。越王勾践二十四年，攻破吴国首都，夫差自尽。勾践终灭吴称霸，以兵渡淮，会齐、宋、晋、鲁等诸侯于徐州，迁都琅琊，成为春秋时期最后一位霸主。

　　因为他的"卧薪尝胆"的典故，勾践成为当今中华民族不惧怕失败与屈辱，敢于拼搏的楷模形象。

心理分析

在中国文化中，我们的祖先很早就看出了事物的两端，如阴与阳、生与死、静与动、福与祸、危机与机遇等，并论证了两端之间的关系，如"塞翁失马，焉知非福""祸兮福之所倚，福兮祸之所伏"。

马克思的哲学思想也告诉我们：世界上没有绝对的动与静，而是相对的。因此在知行合一的第三计策中，我们采用"否极泰来"一词，旨在告诉人们，要看到事物的两面性，并且学会用积极的眼光来看待问题。

人的思维有时候会因为受到某种局限，看不到事物的另外一面，以至于发生"一叶障目，不见泰山"的情况。

在春秋时期，吴国国王寿梦准备攻打荆地（楚国），遭到大臣的反对。吴王很恼火，召见群臣并警告："胆敢劝告出兵的人，我将他处死！"此时有一个少年知道自己地位低下，劝告必定没有效果，只会被处死，于是每天早晨，他都拿着弹弓、弹丸在王宫后花园里转来转去，露水湿透了他的衣服，这样的行为持续了很长时间。

吴王很奇怪，问道："你这是为何？"少年道："园中的大树上有一只蝉，它一面放声鸣叫，一面吸饮露水，却不知已有一只螳螂在它的后面；螳螂想捕蝉，但不知旁边又来了黄雀；而当黄雀正准备啄螳螂时，它又怎知我的弹丸已对准它呢？它们三个都只顾眼前利益而看不到后边的灾祸。"吴王一听很受启发，随后取消了这次军事行动。

生活中我们也会不知不觉地陷入到这样的状况中。这其中很大一部分原因就是我们没有远见。

古人常说"博古而通今"，在《警世通言·赵太祖千里送京娘》中也强调："要知古往今来理，须问高明远见人。"身处现今的信息化、知识化的时代，我们更需要有远见。

所谓的远见就是能用和大家不同的眼光来看待事物的发展。如能从积极的事情中看出消极的一面，那我们就会做好预防措施，这是"居安思危"的能力；同样地，从消极的事情中看到积极的一面时，我们就有了坚持下去的勇气和毅力，最终也会迎来我们所要的"否极泰来"。

能在逆境中做到临危不乱，在顺境中做到不盲目自大，这就是远见！

为什么很多人在做"出力不讨好"的事情？为什么很多人不干活就能获得高额收入？这就是有无远见的区别。现今社会，要想做大事，挣大钱，没有远见是不行的。

当然我们要想成就大业，仅仅只有远见也是不够的，下面给大家提供几个锦囊妙计：

1. 远见

看待事情时，要用长远的眼光来看待它的发展，而不是仅仅只盯着眼前的问题。

2. 接受或者享受

一件事情的发生必定有它发生的原因，此时我们所要做的就是接受已经发生的状况，而不是去抱怨，甚至学会享受问题给我们带来的一切。

3. 积极应对

遇到问题，逃避并不能让问题自动消失，只有积极应对，才是正确的解决之道。

4. 积极转换

转化遭遇困难时的消极挫败心理，只有用积极的心态去面对困难，才有可能渡过难关。

5. 与问题同行

如果有些问题，我们实在解决不了，就要学会与问题同行。等到我们的能力足够强大时，再慢慢化解这些疑难杂症。

要做到如此，我们就需要拥有一个强大的内心。用心理学的专业术语来说，就是我们要拥有较强的心理资本。

心理资本是指个体在成长和发展过程中表现出来的一种积极心理状态，是超越人力资本和社会资本的一种核心要素，是促进个人成长和绩效提升的心理资源。

心理资本是企业除了财力、人力、社会三大资本以外的第四大资本，包含自我效能感（自信）、希望、乐观、坚韧、情绪智力等。企业的竞争优势不是财力，不是技术，而是人。

从我们出生开始，就在一定程度上决定了我们的财力、人力、物力上升的空间。但心理资本的上升空间是没法衡量的。我们可以通过提升自己的心理资本，来增强自己的竞争优势。

一个心理资本较强的人，在遇到难题时，不会被难题所困扰，他会对自身充满信心，会以一种乐观而充满希望的态度来看待问题，并且会用毅力去克服难题。在他看来，没有过不去的坎儿，没有爬不过的山。他会用自己强大的内心来证明，人人都可以成为强者，人人都可以成功。

因此，人的潜能是无限的，而其根源就在于心理资本。心理资本是贮藏在我们心灵深处一股永不衰竭的力量，是实现人生可持续发展的原动力。

正如美国现代成人教育之父戴尔·卡耐基在《做内心强大的女人》中所说的那样："一个人如果必须通过外界的评价来证明自己，这只能说明他的内心不够强大，只有不再需要依赖外界对自己的评判，自己就能证明自己的时候，内心才是真正强大无比了。"

一个内心强大的人，才能真正无所畏惧。也只有当内心强大时，我们在生活中才会处之泰然，宠辱不惊，不论外界有多少诱惑、多少挫折，都心无旁骛，依然固守着内心那份坚定。尤其是女人，更需要内心强大。

幸福之计

在知行合一的过程中，我们需要给自己树立一个强大的内心，需要提高我们的心理资本。那我们究竟该如何做呢？

1. 用《心理资本自评量表》对自己的心理资本进行自测，了解自己的心理资本水平，明确心理资本中水平低的因素。

2. 针对自己心理资本水平较低的因素制订一个详细的提升计划。

3. 按照自己的计划实施一段时间后，再对自己的心理资本水平进行检验，看看是否有所提升。

4. 如果计划有效，你的心理资本水平得到很大提升，你可以把经验分享给他人，与他人共同成长；如果你的计划效果不明显，就需要进行总结与反思，找出存在的问题，进而改进计划，重新实施。

注意事项

1. 在进行心理资本评估时，要保证自己处于平静的心理状态，并且尽量客观地回答问卷中的问题。

2. 制订的计划要是可以实施的，并且有明确的目标和确定的时间。

3. 在执行的过程中，注意连贯性，切忌中间停顿。

4. 计划实施完成以后，并不代表提升的效果就是稳定的，需要不间断地对心理资本做提升安排与计划。

以下附上《心理资本自评量表》供读者参考：

下面有一些句子，它们描述了你目前是如何看待自己的。答案没有对错之分，无须花太多时间考虑，凭第一感觉回答即可。请评断每一句陈述句和您自身情况的符合程度。

评分方式：1 分 = 非常不同意，2 分 = 不同意，3 分 = 有点不同意，4 分 = 有点同意，5 分 = 同意，6 分 = 非常同意。请注意 R 代表该题需要反向计分，即非常不同意记 6 分。

1. 我相信自己能分析长远的问题，并找到解决方案。

2. 与管理层开会时，在陈述自己工作范围之内的事情方面我很自信。

3. 我相信自己对公司战略的讨论有贡献。

4. 在我的工作范围内，我相信自己能够帮助公司设定目标 / 目的。

5. 我相信自己能够与公司外部的人（比如供应商、客户）联系，并讨论问题。

6. 我相信自己能够向一群同事陈述信息。

7. 如果我发现自己在工作中陷入了困境，我能想出很多办法摆脱出来。

8. 目前，我正在精力饱满地完成自己的工作目标。

9. 任何问题都有很多解决方法。

10. 眼前，我认为自己在工作上相当成功。

11. 我能想出很多办法来实现我目前的工作目标。

12. 目前，我正在努力实现我为自己设定的工作目标。

13. 在工作中遇到挫折时，我很难从中恢复过来，并继续前进。（R）

14. 在工作中，我无论如何都会去解决遇到的难题。

15. 在工作中如果不得不去做，可以说，我也能独立应战。

16. 我通常对工作中的压力能泰然处之。

17. 因为以前经历过很多磨难，所以我现在能挺过工作上的困难时期。

18. 在我目前的工作中，我感觉自己能同时处理很多事情。

19. 在工作中，当遇到不确定的事情时，我通常期盼最好的结果。

20. 如果某件事情会出错，即使我明智地工作，它也会出错。（R）

21. 对于自己的工作，我总是看到事情光明的一面。

22. 对于我的工作未来会发生什么，我是乐观的。

23. 在我目前的工作中，事情从来没有像我希望的那样发展。（R）

24. 工作时，我总相信"黑暗的背后就是光明，不用悲观"。

注释：R 代表该题需要反向计分，即非常不同意记 6 分。

总分：

80 分以下，你需要加强和训练你的心理资本，以应对挑战和危机；

80 分以上，你的心理资本处于中等水平，可应对一般的压力和挑战；

100 分以上，你的心理资本处于较高水平，可应对较高的压力和挑战；

124 分以上，你具有极高的心理资本，可以应对极高的压力和挑战。

维度上：

维度	相应题目	评分标准
自信	1~12道题	4.06分及以下，自信水平偏低；4.06~4.92分，自信水平中等； 4.92分及以上，自信水平较高。
希望	7~12道题	3.52分及以下，希望水平偏低；3.52~4.44分，希望水平中等； 4.44分及以上，希望水平较高。
韧性	13~18道题	3.85分及以下，韧性水平偏低；3.85~4.75分，韧性水平中等； 4.75分及以上，韧性水平较高。
乐观	19~24道题	3.65分及以下，乐观水平偏低；3.65~4.71分，乐观水平中等； 4.71分及以上，乐观水平较高。

孜孜不倦：坚持就是胜利

成语释义

孜孜不倦，指工作或学习勤奋刻苦，不知疲倦。

本计策是指，在追求志向的过程中，我们要发扬坚持的精神。

成语故事

孜孜不倦，出自中国春秋时期孔丘的《尚书·君陈》："惟日孜孜，无敢逸豫。"

上古时期，洪水经常泛滥。每次洪水暴发，都是山丘被淹，农田被吞没，村庄也被淹没，房屋倒塌，百姓流离失所。

禹看见这般情形后十分忧虑，他决心竭尽所能，做一些对百姓有利的事情。于是，禹开始奔走各地，带领众人全力疏通渠道，引渠入河，引河入江，引江入海，从而彻底解决水患的问题。

洪水之患解决后，禹又和舜一起，开始教导百姓，向他们传授种田耕地、培育庄稼的方法，使荒芜了多年的土地开始长出绿油油、繁茂的庄稼作物。等庄稼收获以后，禹又开始教百姓们按照各自所需相互交换物资，使百姓安居乐业，天下太平。

禹的一举一动，被舜尽收眼底，舜十分感动。后来，舜将皇位传给了禹。而禹也曾对舜帝说："我们每天都勤勉地工作，不敢有半点的懈怠，不能贪图享乐。"

禹的简介

禹，姓姒，名文命，字密，史称大禹或者帝禹，是夏后氏的首领、夏朝开国的君王。禹是黄帝的玄孙、颛顼的孙子。其父名鲧，被帝尧封于崇，为伯爵，世称"崇伯鲧"或"崇伯"，禹的母亲是有莘氏之女，脩己。

相传，禹治理黄河有功，受舜禅让从而继承了帝位。禹是禅让制度下产生的最后一个部落联盟首领。在众诸侯的拥戴下，禹的儿子启以阳城作为都城称帝，国号夏。禹的儿子启是夏朝的第一位天子。

在中国古代的传说中，禹、尧、舜三者齐名，被称为贤圣帝王。禹最卓越的事迹就是一直被世人传颂的治理水患，又划定中国版图为九州。后人将其称为大禹。禹死后，葬在会稽山上，坊间仍存在着禹庙、禹陵和禹祠。从夏启开始，历代帝王都会前来祭祀他。

心理分析

大禹治水精神是中华民族精神的源头和象征。曾经大禹受命于尧，为天下万民兴利除害，躬亲劳苦，手执工具，与下民一起栉风沐雨，同洪水搏斗。耗时 13 年，终完成治水的大业。于是人们用"大禹治水，三过家门而不入"来表达对大禹坚持治水的感激之情。

大禹治水的事迹，所体现的不仅仅是因公忘私、民族至上、民为邦本、科学创新等精神内涵，更是一种孜孜不倦的执着追求的精神，用一个词来形用就是"坚持"。

苏联作家尼古拉·阿列克谢耶维奇·奥斯特洛夫斯基在《钢铁是怎样炼成的》中，曾有过这样的描述："人生最宝贵的是生命，生命属于人只有一次。一个人的生命应当这样度过：当他回忆往事的时候，他不致因虚度年华而悔恨，也不致因碌碌无为而羞愧；在临死的时候，他能够说：'我的整个生命和全部精力，都已献给世界上最壮丽的事业为人类的解放而斗争。'"

可见坚持是我们性格、品质当中必不可少的内涵。坚持能够让人们完成一件看似不可能的事情，使之变成可能或成为现实，如滴水穿石、铁杵磨针，也诸如汽车、飞机、灯泡、电话等发明——实现。

阿里巴巴创办者马云，对梦想从不放弃。他曾经想考重点小学，但却失败了；考重点中学也失败了；考大学更是考了三年才考上；想念哈佛大学也没有成功。但他有坚持不懈、勇往直前的精神，俗话说："宝剑锋从磨砺出，梅花香自苦寒来。"他通过自己的努力，最终成功了。他说："梦想，要脚踏实地，和眼泪是息息相关的。"

除了梦想，我们还可以坚持做很多事情。从积极行为培养的角度来说，当我们能将一种有益于身体健康的行为，坚持实施下去，使之成为自己的习惯时，我们不仅能改善自己的健康，也能延长寿命。

最近，美国哈佛大学一项最新研究显示，对于成年人来说，保持五大健康生活习惯是使寿命延长 10 年甚至更长的关键。其中五大健康生活习惯是指坚持健康饮食，每天 30 分钟或以上中高强度的规律运动，控制体重（身体质量指数控制在 18.5 至 24.9 之间），不吸烟，不过量饮酒。

通过针对约 7.9 万美国成年女性长达 34 年的跟踪调查，以及对约 4.4 万美国成年男性长达 27 年的跟踪调查，研究人员发现，即便只能做到其中一项，也会明显降低早亡风险。如果这 5 个方面都控制得很好，那么预期寿命延长的效益也会达到最大。统计显示，5 个健康生活习惯全都具备的话，女性最高可延寿 14 年，男性可能会因此延寿 12 年。

跑步一直是很受大众喜欢的一项运动，很多其他行业的佼佼者也是这项运动的忠实粉丝。

如综合格斗之父、著名华人武打电影演员、世界武道改革先驱者李小龙日常最基础的训练就是跑步；Facebook 创始人马克·扎克伯格每天坚持跑步 1.6 千米，不论刮风下雨，不论在家或是外出工作；日本后现代主义作家村上春树，通过跑步领悟到什么是超越，什么是完美，什么是"小确幸"，什么是灵肉和谐，由此实现了人生的升华。

因而在知行合一的道路上，我们只要保持着思想与行为的统一，形成良好的习惯，就能在短暂的一生中活出不一样的精彩。

幸福之计

1. 给自己制订一个计划，是自己每天都要坚持的一件事。

2. 这件事可以是跑步、打球等运动形式的行为，也可以是写作、记日记、看书等文静形式的行为。当然也可以是自己的爱好，或者是一直想要学习的技能等。

3. 在执行过程中，要定时定点完成计划的内容。

注意事项

如果你是刚开始学习坚持的人，切忌在制订计划时，进行多项事宜的安排，最好是从一件事情开始进行安排，等到养成习惯以后，再慢慢增加。

心无旁骛： 提高注意力

成语释义

心无旁骛，是指心中没有另外的杂念，形容心思集中，专心致志。

本计策主要是指人在做事情的时候，要提高自身的注意力，克服外界的干扰因素。

成语故事

冰心在她的《谈信纸信封》中这样写道："有不少人像我一样，在写信的时候，喜欢在一张白纸，或是只带着道道的纸上，不受拘束地，心无旁骛地抒写下去的。"心无旁骛便出于此。

冰心简介

冰心，福建长乐人，1900 年 10 月 5 日出生于福州一个海军军官家庭。原名为谢婉莹，冰心是她的笔名，取"一片冰心在玉壶"之意。1999 年 2 月 28 日在北京逝世，享年 99 岁，被称为"世纪老人"。

冰心是现代著名女作家、儿童文学家、诗人、翻译家，她的文学作品中多歌颂母爱、童真、自然。她非常喜爱小孩，把小孩看作"最神圣的人"。她是深受人民敬仰的女性作家之一，曾担任中国民主促进会中央名誉主席，中国文联副主席，中国作家协会名誉主席和顾问，中国翻译工作者协会名誉理事等。

她的代表作品有《繁星·春水》《寄小读者》《小橘灯》《只拣儿童多处行》。

心理分析

在《孟子·告子上》中说了这样一个故事：

古代，有一个名叫秋的人，棋艺精湛。有两个学生跟他学下棋。一个学生非常专心，集中精力听从教师的指导。另一个学生认为学下棋很容易，人虽坐在那里，心却飞走了，所以秋讲的知识他一点也没有听进去。结果虽然这两个学生在一起学习，又是同一个名师传授，但一个成了棋艺高超的大师，另一个却没有学到什么本事。

在这则故事中，我们看到两名学生对于学围棋的不同态度，一个做到了"心无旁骛"，而另一个则是"心有他物"，结果也是显而易见的不同。这其中蕴含了一个关键词：注意力。

在心理学中是怎么解释"注意力"的呢？注意力是指人的心理活动指向和集中于某种事物的能力，是人的意识的具体表现，是把自己的感知和思维等心理活动指向和集中于某一事物的能力。

简单来说，注意力能让人在工作时，使味觉、视觉、嗅觉等各种感知器官以及思想活动、肢体动作都专注于工作内容中，而不会想到诸如待会吃什么饭、下班后去哪里玩等与工作无关的内容。

在人的工作和学习中，注意力不仅影响着效率，也影响着质量。成语"事倍功半"和"事半功倍"所体现的就是注意力与工作效率的关系：注意力集中了，效率就会大大提高；注意力涣散了，效率就会大打折扣。

所以我们在做事情时，只有将注意力集中到一件事情上，排除杂念，能将事情做到尽善尽美，才能得到自己最终想要的结果。

随着科学的发展，许多科技的出现给我们的生活提供了很多方便，但同时也给我们带来了一些不利的影响。环境中过多的噪音，现实中的诸多诱惑，会使我们的注意力大大降低。

托尼·舒瓦茨和克里斯蒂娜·波拉特的调查显示，66% 的员工无法每次专注于一件事；70% 的员工在工作时没有定期进行创新或战略思考的时间。

注意力降低最终会导致人际关系紧张，自律能力下降，学习工作成绩降低，严重时还会威胁生命。有关数据显示，在发生交通意外的原因中，注意力不集中是首要影响因素：

2011 年，弗吉尼亚州科技运输协会和美国全国高速公路安全局在一份为期 1 年共同完成的调查结果中发现，研究人员通过对数千小时的录像资料进行研究最终得出结论，在已经发生的交通事故或者一些诸如碰撞、刮蹭及其他小摩擦事故中，开车人的注意力分散是最重要的原因。研究报告显示，在已经发生的车祸中，属于注意力不集中引起的占 80%。而在差一点发生车祸的交通事故中，有 65% 都是由于开车人的注意力不集中造成的。开车人的注意力不集中是造成车祸发生的最主要原因，其中注意力分散的行为有开车人在开车时打电话、看报纸、抹口红等。当然，严重睡眠不足也会引起开车人在开车时的注意力不集中。

因而在做事情的过程中，特别是一些关系生命安全的事情，我们一定要集中注意力。

另外，当注意力高度集中时，我们就会全身心投入当前的事件中去，投入则是人生幸福的一大要素。

塞利格曼构建了幸福人生的五要素：积极情绪、良好的人际关系、投入、做事的意义和目的、成就感。其中的"投入"指的就是心无旁骛的结果，也是注意力集中的最高境界。

投入的状态能使一个人充分调动自己的情绪、状态，积极地应对所要解决的问题，更大程度地发挥自己的想象力及创造力。正如契克森米哈赖所提出的"心流"概念：当一个人表现最杰出时，那种水到渠成、不费吹灰之力的感觉，也就是运动家所谓的"巅峰状态"、艺术家及音乐家所说的"灵思泉涌"。

著名的数学家华罗庚也是依靠投入，才获得了巨大的成功：

有一次，有个妇女去买棉花，华罗庚正在算一道数学题，那个妇女问一包棉花多少钱，然而勤学的华罗庚却没有听见，就把算的答案说了一遍，那个妇女尖叫起来："怎么这么贵？"这时的华罗庚才知道有人来买棉花，就说了价格，那妇女便买了一包棉花走了。华罗庚正想坐下来继续算题时，才发现刚才算题目的草纸被妇女带走了。这下可急坏了华罗庚，于是他不顾一切地追了出去。

追上后，华罗庚不好意思地说："阿姨，请……请把草纸还给我。"那妇女生气地说："这可是我花钱买的，可不是你送的。"华罗庚急坏了，于是他说："要不这样吧！我花钱把它买下来。"正在华罗庚伸手掏钱时，那妇女也许是被这孩子感动了，不仅没要钱还把草纸还给了华罗庚。这时的华罗庚才微微舒了口气，回家后又计算起来……

从这个事例中，我们可以看出华罗庚对数学的热爱，以及他在数学研究中那种全身心的投入。作为普通人，我们应该以华罗庚为榜样，在追求志向的过程中，要全身心地投入其中。

幸福之计

在提高注意力，加强投入的过程中，我们需要注意以下几点：

1. 明确目的。通过加深对目标的认识，来提高自己的自觉性，进而集中注意力。

2. 克服内外干扰。除了要避免用脑疲劳，保证充足睡眠外，我们还要积极参加体育活动，把自己调整到最佳状态；另外，我们也要尽量避开分散注意力的外界刺激，如在课上收起与上课无关的报纸杂志，在家写作业时关掉收录机或电视等；当然我们也可以适当地锻炼自制力，培养"闹中有静"的心态。

3. 养成注意习惯。在学习或工作的过程中，我们要学会自我提问，积极思考，保持高度注意力；当出现"走神儿"时，要学会自我暗示，及时把注意力拉回来。

注意事项

在提高注意力的初期，需要注意以下几点：

1. 环境的选择方面，要选择较安静的环境，例如图书馆、书房、办公室等场所。

2. 在进行注意力训练前做好准备，例如：把手机调成静音，放在眼睛看不到的地方；避免饥渴或过于饱腹状态，解决好自己的生理问题等。

3. 要注意时间的合理安排，避免时间过早或过晚，过长或过短。科学的时间安排应先从较短时间开始，然后慢慢延长。

舍生取义：选择的重要性

成语释义

舍生取义，表示为了真理和正义而不惜牺牲生命。常用于赞扬他人难能可贵的精神。

本计策是指，一个人在知行合一的追求过程中，要能够做到取舍有度，勿要因小失大。

成语故事

舍生取义出自先秦时期孟轲的《孟子·告子上·鱼我所欲也》，里面这样写道："生，亦我所欲也，义，亦我所欲也。二者不可得兼，舍生而取义者也。"意识是说：生命是我想要的，道义也是我所想要的，如果二者不能兼得，那么我就会选择忠义而舍去我的生命。

文天祥的舍生取义

文天祥，初名为云孙，字宋瑞，一字履善，道号浮休道人、文山。他出生于江西吉州庐陵，是宋朝末期著名的政治家、文学家、爱国诗人、抗元名臣。他与陆秀夫、张世杰三人一起被称为"宋末三杰"。

文天祥是南宋时期的一位民族英雄。德祐元年，元军沿长江东下，为了反抗元军的侵略，文天祥馨家财为军资，招勤王兵 5 万人，组成义军，入卫临安，抗元救国。有人说："元军人那么多，你这么点人怎么抵抗，不是虎羊相拼吗？"文天祥回答道："国家有难而无人解救，是我最心疼的事。我力量虽然单薄，但也要为国尽力呀！"

最后，文天祥兵败被俘，但他不愿投降，还写下"人生自古谁无死，留取丹心照汗青"这样的豪言壮语，来表明自己坚持民族气节、至死不变的决心。他拒绝了元朝的多次劝降，终于实现了舍生取义的理想，慷慨就义。文天祥舍生取义的救国精神，代代相传，已经成为中华民族宝贵的精神财富。

心理分析

生与死，一向都是人们最难选择的问题之一。然而在有志之士的眼中，生与死的选择从来都不是难题，如文天祥的"人生自古谁无死，留取丹心照汗青"；谭嗣同的"我自横刀向天笑，去留肝胆两昆仑"。

对他们来说生与死并不难选择，因为他们心中有更重要的选择——民族大义。他们也都遵从内心的志向，舍生而取义。

同样，在面对爱情与生命的选择时，匈牙利诗人桑多尔·裴多菲选择了自由精神："生命诚可贵，爱情价更高，若为自由故，两者皆可抛"。梁山伯与祝英台，罗密欧与朱丽叶却会选择爱情，同时他们都用自己的生命成全了自己的爱情。

在他们的眼中，无论怎么选择，都是出于自己的内心，因而对于他们来说，生是为了追求自己的志向，死也是忠于自己的志向。

其实每个人的人生都是由一连串的选择与决定累积而成的，每个看起来微不足道的小选择，都在决定着我们的未来会有怎样的机遇。当我们仔细回顾过去时，就会发现过去和现在存在着紧密的联系。

我们会成为一个什么样的人不是一瞬间的事，都是由之前的选择结果一步步累积而成的。在面对爱情与生活的选择时，更多的人屈就于现实生活的困境，屈从于各种伦理道德的束缚，他们不敢真诚地面对自己的内心。于是他们开始抱怨亲人，抱怨命运，殊不知真正该反思的是自己，是自己的选择造就了现在的境遇。

一个人只有清清楚楚地明白人生的问题都是由自己造成的时候，他才会专注于解决问题，才不会抱怨他人、怪罪环境。因为他很清楚，只有自己先改变了，才有可能改变目前糟糕的情况。

在知行合一的修行路上，我们将"舍生取义"作为最后一个计策，旨在告诉人们，一个人在面对选择的时候，不仅要做到有情有义，更要做到遵从自己的内心。

当然也有人会以不选择的方式进行逃避，这其实是一种自欺欺人。要知道，不选择也是一种选择，而且是一种更"屄"的选择。这种选择对事情的进展并无益处，甚至会将问题更加扩大化。

因而在需要做出选择的时候，我们不仅要坚定地遵从自己的内心，更要在做出选择后，坚定自己的选择，对自己的选择无悔无怨。

那我们怎样才能做出好的选择呢？

1. 在"知"上下功夫

现今社会日新月异、竞争激烈，想要适应新形势或新任务的要求，我们就必须加强学习。通过不断地充实自己、提高自己、完善自己，才能加强自身修养，坚定理想信念，提高精神境界。因而我们需要做到以下几点：

（1）端正学习态度。学习是获取知识、提升能力、增长本领的必经之路，因此我们要端正学习态度，增强学习的积极性和主动性，变"要我学"为"我要学"，变"一般学"为"深入学"。

（2）把握学习重点。要加强科学理论的学习，做到真学、真懂、真信、真用，打牢理论功底，提高思想觉悟。同时也要结合工作实际，深入学习履行职责所必需的各种知识，提高工作能力和工作水平。

（3）讲求学习方式。要向书本学习，本着缺什么、补什么的原则，多读书、读好书，不断提高学习能力，拓宽知识视野；要向实践学习，注重研究新情况，解决新问题，在实践中总结经验、把握规律；要向他人学习，放下架子，拜群众为师，甘当群众的小学生。

只有在"知"上下功夫，我们才能正确把握现状，看清未来，从而在选择时，才不会因为一时迷茫被他人或事物所迷惑，才能更遵从自己的内心。

2. 在"行"上做文章

国家管理中常说"空谈误国，实干兴邦"，我们的行为亦是如此。我们要实现自己的奋斗目标，就需要勤于实践、敢于创新、勇于担当。

（1）勤于实践。我们想干事、肯干事、多干事、干实事、干成事、不出事，这是义务，是本分，是最起码的要求。要弘扬脚踏实地、埋头苦干的优良作风，树立"有为才能有位，有位要更加有为"的思想，放下身子、耐下性子，以扎扎实实的努力做出实实在在的成绩。

（2）敢于创新。要创新，就要解放思想，就要从陈旧的思想观念中解放出来，以全新的发展理念和创新的工作思路实现工作的突破。我们需要做的就是要坚持从客观实际出发，大胆探索、大胆实践。

（3）勇于担当。在其位谋其政。做到日常工作能尽责、难题面前敢负责、出现过失敢担责。在原则面前，不忘初心，立场坚定。

实践是检验真理的唯一标准。在我们选择之后，只有经过"行"上的检验，才会有经验的积累，从而让自己更有"知"的智慧。

在知行合一的过程中，选择是重要前提。我们只有在"知"上下功夫，在"行"上做文章，才能做到真正的知行合一。

幸福之计

在选择的策略中，以下几点对我们的人生有重大影响，也是我们需要重视的：

1. 选择同伴

这个同伴包括我们的人生伴侣、朋友。这些选择决定着我们人际交往的圈子、接触事物的范围、思想的高度。正所谓"良伴益友"，正是我们思想境界的体现。

2. 选择工作

工作的选择将决定我们的收入、社会地位、人际关系等。一份充满挑战的工作，能够让我们接触到更多的新鲜事物和新思想，这是一份"流水线"的工作所无法触及的。

3. 选择理想或者信念

理想信念所体现的是我们人生的态度，更重要的是决定着我们一生的快乐和意义。

注意事项

我们在选择的过程中，切忌矫枉过正。同时我们也要为自己的选择做出应有的努力。